實戰智慧館 436 李仁芳 策劃

彼得・杜拉克
非營利組織的管理聖經

從理想、願景、人才、行銷到績效管理的成功之道

Managing the Non-Profit Organization

彼得・杜拉克（Peter F. Drucker）著

余佩珊 譯

新版推薦一

上善若水、不與人爭，才是社會企業成功之母

張明正（趨勢科技董事長、若水國際董事長）

同樣是蓋教堂，第一位石匠說：他是在做一件時薪兩百元的工作；第二位說：他是在蓋教堂；第三位則說：他是在榮耀上帝。從企業管理的角度看，如果能讓員工用「蓋教堂」的心情為公司賣命，老闆就要感謝上帝了。

宗教團體可以做到第三位石匠的層次，但如果它的vision（願景）跑掉了，社會大眾又不願監督，結果也是白費工夫。

《彼得．杜拉克非營利組織的管理聖經》這本書所要講述的，就是告訴企業經營者如何讓員工達到第三位石匠的層次。

杜拉克很晚才開始寫書，本書雖是他較早的著作，但它涵蓋的層面很完整而且全面，不單單是一本企管書，更是一部管理經典。杜拉克首先談及願景，把個人和別人的關係處理好，然後在這個基礎上再來規畫組織策略，接著思考執行方法。書中還提

到KPI（績效指標），詳加說明了相關的執行方案。此外也談到決策的方法，包括「做」或「不做」的選擇。

從企業主管的角度來看，先談願景（而不是管理細則），就不會陷入枝節問題中。而「願景」與「做或不做」這兩項提示，對我從事社會企業（非營利組織）的幫助可說影響甚大。

先來說說「願景」。願景讓我從另一個角度來衡量成功。過去做生意時，成功的標準很簡單，不外乎利潤、股東權益等，從事社會企業就不能為賺錢而賺錢了。但做社會企業也不能只憑著「一念之善」，否則經營過程就不夠透明，而且經營策略模糊不清。行善要能時時自我反省，如此才不會缺乏即時訊息回饋（一如營利企業有賺不賺錢的回饋），就像有一面鏡子來看到自己的缺點。

本書中談的願景就是提醒我們，做社會企業首先要了解自己的心，而不是單憑一念。因為有了這層體悟，回想當年跑到越南種樹雖是好事件，但沒有考慮到自己欠缺造林專才，導致事倍功半。這件事也讓我了解到，土地、樹木、農人和商場、科技、企管碩士根本是兩個完全不同的世界，彼此心裡追求的是不一樣的人生。

當時我完全不了解，原來營利企業和非營利組織的願景是不同的，而且我不知道經營社會企業不只是要向股東負責而已，更不知道應該順勢而為。一路以來自以為是之後的結果，就是跑出一大堆始料未及的後果，特別是當周邊的人都在稱讚你做得好的時候，那也正是你最危險的時候。

過去做生意是就事論事，加上我從事科技業，總以為世事皆可料，凡事可用理性解決，殊不知營利公司就是以利潤為本，講求競爭機制，而且內部有等級觀念。然而從事社會企業則完全不是那麼一回事。

我覺得若水國際過去是屢戰屢敗，有如散槍打鳥似的只知道接受各方創業創新方案，但做起來很辛苦。在虧了上億資金、嘗試過三十多種商業模式（失敗三十多次）後，現在才了解到願景的差異性。我做社會企業追求的應該是「上善若水」。行善要像水一樣，沒有固定不變的形式，沒有偏好的品味；行善要像水一樣向下流，到人們需要的地方去，不與人爭。總而言之，就是利萬物而不爭。

接著談談本書的另一項提示：「做或不做的決策選擇」。若水國際現在推動的身障人士在家就業模式，說穿了就是「經過三十多次的『做』之後，而決定的『不做』。」但過去我只想到要「做」什麼，結果大大失敗。如今若水國際的身障者在家就業方案，首先要求的是「有利於生」，不做會造成身障者心理壓力的工作。原先身障者是在家接聽客服電話，然而這種接單模式須直接面對客戶的抱怨，如此會造成身障者的心理壓力。所以儘管採用語音服務的接單較多，我們也決定捨棄不用，而改用 LINE 或微信等文字形式的客服。

其次，我們不做目前非營利組織已經做得很好的項目，而是專注於與軟硬體投資和雲端科技有關的新興事業，譬如 2D 建築模型轉換成 3D 資料處理的新型工作。

第三，為了要讓身障者的工作在市場上有可持續性，我們不會讓客戶知道他所面對的是身障者提供的服務。同時，為了讓身障者的服務能有市場競爭力，我們寧可雇用兩位身障者來完成一件正常人能做的工作，或是擬定更詳細的標準作業程序，或是提供身障者更長的培訓（對正常人來說，一件工作只需兩個月的培訓，對身障者而言則需要六個月）。總之，我們不希望客戶是因為同情而採用身障者的服務。

唯有這樣，我們才能讓身障者、志工、客戶三方能長久地合作下去。

可以說，《彼得．杜拉克非營利組織的管理聖經》這本書著實讓我獲益良多，更讓我屢屢從挫折中警醒。

「管理學之父」彼得．杜拉克對於世界的貢獻不只在管理學方面，他創造了「知識工作者」一詞，從他的理論體系完整來看，其實更像是一位哲學家，他的理論層次幾乎已經超越了企業管理的層次。

我曾會見過杜拉克夫人，也參觀過杜拉克在加州的書房，我覺得杜拉克已經把商業理論的研究提升到中國人所說的「大學之道在明明德」，充分反映出一位君子的覺醒，發揚正向德行，帶著使命感，這在注重物質文明的歐美社會中，實在非常難得。

（本文由蕭遠松採訪整理）

新版推薦二

年輕人準備好了嗎？

朱平（生意人、悅日人、漣漪人）

彼得．杜拉克時常會問這個問題：「您希望別人怎麼記得您？」這個問題會引導您先改變自己、看到自己可以變成什麼樣的人。同樣地，如果有人在您六十歲時問您：「您對這個世界的貢獻是什麼？」您的答案會是什麼呢？真的很謝謝遠流出版公司再一次出版這本經典著作《彼得．杜拉克非營利組織的管理聖經》（原書名為《彼得．杜拉克：使命與領導》），也讓我有機會重新閱讀一次。

台灣現在的顯學是「社會企業」，政府、民間一起努力將培育「社會企業」的大環境弄好，這絕對是一個對的方向。我也一直倡議這個對台灣年輕人有致命吸引力的社會創新及經營模式的創新運動。但最近我另外提出了非營利組織仍有其必須存在的價值，最怕的就是在社會企業的浪潮中，將非營利組織轉型成社會企業。

我們甚至應該重新倡議慈善捐贈。有許多事真的不能談效率、自給自足，這也是為什麼我們仍然需要慈善家，而不是鼓勵每個人都成為社會企業家。因此，如何經營管理一個充滿活力、持續創新的非營利組織或慈善事業，就是一個最艱難的挑戰；我個人認為，這比社會企業的經營更難上數倍。

讓人高興的是，已看到愈來愈多優秀的年輕人決定加入非營利組織及社會企業。除了用「使命」身教來領導外，不可否認地，在二〇一五年的今天，由於社群媒體與無所不在的手機移動平台，讓非營利組織有了一個連彼得．杜拉克都未曾預期的一個大翻轉，但是使命、策略、績效、人力、自我發展仍是非營利組織的王道；不變的是，決定非營利組織成敗的最終關鍵，仍在於能否吸引和留住人才。

徒有愛心、善心、行動力是不夠的，我們需要更多跨領域，而且能分析數據並用圖表解說，以及製作兩分鐘以內的病毒影片來感動人，用數據證明非營利組織對社會的影響度分析，用行為經濟學來影響大眾對非營利組織的支持。我們的大學有教學生如何將生命中所發生看似不相關的點點滴滴串聯起來嗎？我們的年輕人準備好了嗎？

營利事業與非營利事業之經營管理模式的區別正在縮小，因為愈來愈多人尋求更高的人生使命及生命價值，他們發現金錢、權力並不是成功的唯一定義。

我一直相信，未來會有一群三十歲左右的年輕優秀人才參與非營利組織，他們並不認為金錢是唯一能激發工作熱情的條件；他們將是少數能改變世界的一群人，知道自己可以改變成什麼樣的人，也已經準備好在他們六十歲時可以回答，他們對這個世界的貢獻是什麼了。

PS. 建議可延伸閱讀行動主義者及籌款家丹・帕洛塔（Dan Pallotta）在TED的一場演說，網址為http://www.ted.com/talks/dan_pallotta_the_way_we_think_about_charity_is_dead_wrong。

新版推薦三

做對的事，而且把對的事做好

楊儒門（248農學市集召集人）

一直以來都記得朋友所說的，社會企業和企業的不同在於賺錢之後不分配或少量的分配，但相同的是，做事的態度要跟企業一樣。之前一直在想，既然如此，那該如何陳述呢？

許多時候我們都只具備了理念和熱誠，卻忽略另外一個重點，就是能力和實踐力，我們只是在做，但沒有做好。過程是很重要的，對社會運動來說，手段的正確性比結果來得重要，但社會往往只把注意力放在成果上。市集剛開始時也面臨這個問題，自己覺得很努力，但是社會不見得支持，詢問朋友後才發現，理念的形成需要有社會相同的「認同感」，而不是一小群人自我開心和自我滿足。

看到《彼得．杜拉克非營利組織的管理聖經》這書中寫到「把注意力放在職責上，而不要放在你自己身上」的時候，不禁笑了出來，這就是長期以來自己一直無法想像的事情，常常是我在做事的時候，社會不見得會看到，卻只是「關心」所謂「白米炸彈客」這個人，忘了這個人所想要做的事情。所以，之後告訴大家，叫什麼都不是重點，「我只是個路旁經過的小楊。」我怎麼樣並不在乎，在乎的是所做的事情，社會是否認同與支持，關心的人是否得到應有的照顧和重視！

「在長期和短程目標、大方向和細微末節間取得平衡。」市集剛創立的時候，就有人會問：那你要做什麼？一開始都會覺得好瞎，市集明天能不能繼續存在都是一個問題了，誰管得到下個月要幹嘛？久了之後才發現，往前走的時候如果沒有事先規畫與討論，尤其在社會企業的團體裡，很容易會發生紛爭，因為多數的夥伴是從事社會運動的，簡單來說就是不喜歡「政府與企業」，但是在推廣農業的過程裡，總是難免會和政府與企業合作，如果事先沒有一個良好的溝通，往往成為組織分裂的主因。而市集也發生過類似情形，在激烈的爭吵與不愉快中，為什麼要做市集？出發點是什麼？如果是為了讓農業變得更好的大前題下，相信所有的事情都是可以討論的。

「你對世人的貢獻是什麼？」這句話就常讓我想到，有許多學生很好玩，一直問我市集可以幫忙農友們做什麼？行銷、品牌、包裝、設計……這就讓我想到合樸農學市集的孟凱所講的：「關心的事很多，影響力有限！」我的想法是，市集地上的垃圾不撿，整天都想去海邊撿海漂垃圾，這是怎麼一回事?!

一如書中所提到的：「你必須具備三樣條件：機會、能力、認同與投入感！」原來不是只有熱情就好，還要有能力。經過整理之後才發現，有理念和熱情是重要的，更關鍵的是有能力和實踐力！去學校演講的時候，學生總會問我，那要怎麼做呢？我的回答就是：「做對的事，把對的事做好！」

導讀推薦一

「非營利組織」為什麼是未來社會的中堅力量？

許士軍（逢甲大學人言講座教授、台灣董事學會理事長）

杜拉克這位被推崇為當代管理學領域「大師中的大師」（The Gurus' Guru），是有其特殊意義的；因為在他以前並沒有今天所認識的管理學，甚至當他首次以管理觀點描述現代企業的書《企業的概念》（*The Concept of the Corporation*）出版時，有一些愛護他的朋友警告他，出版這種書將會毀壞他向學術界發展的前途。

從社會觀點看企業和管理

事實上，杜拉克會對管理有興趣——日後他稱之為自己的最愛——乃源自他自歷史宏觀的洞察；他發現，自一九二〇年代晚期到一九三〇年代早期，歐洲社會出現了凝聚力和社區瓦解的危機，這種危機將給集權主義支配的機會，在這關頭，他寄望大企業會成為一種新的整合社會的單位，提供人們一種屬於社會層面的工作和生活，以為挽救。但是不幸地，他這種觀察和呼籲，並未成功地導引世界避免納粹和史達林獨裁政權的興起，以及因此帶給人類社會的浩劫。值得慶幸的是，他的深層思考卻也預言到這種政權終將崩潰，證明他的真知灼見還是經得起考驗的。

杜拉克心目中的管理，和一般人不同的是，他並非將管理視為一種營利機構的工具，而是將其視為一種社會機構中的核心功能。譬如他討論「非營利組織」的管理時，他主要將這問題放在為什麼社會會有「非營利組織」這一脈絡上。他認為，只有從這種觀點，人們才能了解，為什麼「非營利組織」——而非如他早期所寄望的企業——會成為未來社會的中堅力量，以及為什麼即使是企業，也要向「非營利組織」學習如何管理之根本道理所在。

「後資本主義社會」

就在杜拉克出版《彼得．杜拉克非營利組織的管理聖經》的後三年，一九九三年，他的另一鉅著《後資本主義社會》（*Post-Capitalist Society*）也告問世。後者恐怕是他近十年來最具影響力的一部著作，在這部著作中，我們可以發現，他對於所稱「後資本主義社會」的描述，提供了日後他的大多其他著作一個最基本的舞台和背景。譬如說，在書中他所指出政府角色的轉變及知識社會的興起，即是造成「非營利組織」成為今後社會的主軸——以及「最大雇主」——的原因。

先以政府角色的轉變而言，在所謂「後資本主義社會」中，隨著政府走過了四百年來權力發展的巔峰，國家已不再是人類社會唯一的統合形態；反之，未來的多元社會既是全球性的，但又必須是地方性和個別性的，此時所出現的日益嚴重而複雜的問題和服務需求，不但非政府官僚體系——更不要說計畫經濟——所能解決，即使是自由市場也屬無能為力。在這種情況下，他認為人們所需要的是一個「公民社會」的架構。在這個架構中，依他在著作《下一個社會》（*Managing in the Next Society*, 1998）所稱，有賴像「非營利組織」這種「社會部門」挺身而出，提供機會讓人民擔任志工，一方面使個人可以擁有一個自己可以控制、也同時可以奉獻和改善的天地，另一方面，也才能夠滿足社會的多元需求。

政府角色的轉變

不過在此值得注意的是，儘管他不認為政府有能力直接從事和承擔社會服務工作，但這並不代表政府今後可以對這方面問題袖手旁觀、不聞不問。政府今後所要扮演的角色，乃是將這種工作「外包」給「非營利組織」去做。已有事例證明，獨立的非營利機構在這方面一直有很好的成就。譬如在美國，杜拉克就舉出了諸如：心臟病協會、精神病協會、救世軍、女童軍總會以及教會學校等等；在台灣，我們也可舉出像董氏基金會、消費者文教基金會和慈濟功德會等，他們的卓越表現已贏得社會良好的頌揚和口碑。根據杜拉克的觀察，同樣工作交由非營利組織去做，不但會比由政府做省錢，而且也有較佳品質。在這方面，公立學校和教會學校就是最明顯的對比。

具體言之，所謂由政府將此方面社會問題「外包」，就是指政府應該提供這些非營利組織必要的資源，而不是像過去那樣，視他們歸由慈善捐款維持或作為有錢人的責任。事實上，由於這種機構的普遍化和組織龐大，它們的有效運作，除了靠「無酬志工」的自願奉獻之外，還必須要有支薪的專職管理人員以擔負核心的專業工作，這種財務需求應該由政府承擔。

「知識工作者」的興起

後資本主義社會，也是以知識取代勞力和資本成為最根本經濟資源的社會。早在四十年前，杜拉克就已創造出「知識工作者」這一觀念和名詞，他認為在這種社會中，知識工作者將取代資本家和工人成為社會的主導者。然而他們自己所面臨的，卻是不斷學習和不斷競爭的日子，在這種「力爭上游」的瘋狂壓力和緊張生活中，他們極可能受到情緒創傷。這時解決之道，依杜拉克所稱，就是由他們參加一種「非競爭性的生活和屬於自己的社群」以資緩和及調劑；參加「非營利組織」當一名志工，就是屬於這種解決途徑，知識工作者由此獲得這種心理上壓力的紓解，同時，也可獲得個人成就上的滿足。

應該向「非營利組織」學習管理

在後資本主義社會中，所謂知識工作者還有更積極的一面，也就是隨著他們成為社會的主導者之後，他們不再認為自己像工業社會時那樣只是組織的工具，反之，在他們心目中，組織反而是達成自己目標的工具。這種心態下，一方面他們對於組織的忠誠度大為降低，流動性顯著增高。可是，在另一方面，如果組織的使命與價值能夠對他們產生激勵和認同，這時他們將會有較高意願主動參與並自我奉獻，成為能夠自律和自我負責的工作者。換言之，這種知識工作者已變得有如非營利組織中的自願工作者那樣。由於這個緣故，對待這種知識工作者，組織不能按照過去工業社會中大型組織那樣，以嚴格的命令和指揮管理他們，而要像非營利組織對待他們的志工。鑑於非營利組織在這方面所獲得的顯著成功，實在沒有理由說，在未來時代中企業機構不應該向非營利組織學習管理，這也是杜拉克一再強調的，值得我們三思。

導讀推薦二

非營利組織管理的神話

鄧佩瑜（群我倫理促進會祕書長）

彼得．杜拉克原著"*Managing the Non-Profit Organization: Principles and Practices*"中譯本的首版書名為《非營利機構的經營之道》，一九九四年出版時，正逢《美國商業週刊》在台北舉行亞洲地區的公關活動。杜拉克應邀來台作專題演說，因而得以在第一時間，接到剛出爐的中文版，令他感到欣慰和有些許意外。

他的原著則早在一九九〇年七月，朋友們為貫徹他的非營利組織管理理念而籌創的「杜拉克基金會」成立時，就已問世。同年十月，他還出席了美國一個類似整合非營利組織的聯盟機構「獨立部門」（Independent Sector），在洛杉磯為全美各地非營利組織的職工和志工代表所舉辦四天三夜的年會。他是大會的貴賓，被安排在第二天上午第一時段演講。他以「揭開非營利組織管理的神話」為開場白，娓娓道來，介紹了幾個書中提到的全美典範型非營利組織，並點出非營利組織和營利的企業界，應該互相學習的地方。我有幸躬逢其盛，和其他八百多位與會者，都獲贈那本在那時也還算是剛出爐不久的原著。

非營利組織的興起，是為了彌補商業界凡事以利潤為考量、政府部門以照顧多數為原則，而產生的偏差或不足；所屬的範圍很廣，包括：教育、文化藝術、醫療保健、社會福利、人群服務、環境保護、動物保育、人權保障、宗教事務等。這些形形色色的組織被統稱為「第三部門」或「社會部門」，在促進社會健全發展的大工程中，不只要發揮與「商業部門」和「政府部門」相輔相成的功能，甚至要做出更積極的貢獻。杜拉克在書中很清楚地點出非營利「組織」和「產品」的特性與本質，並強調這個部門應以「使命」為出發點。

他以使命、策略、績效、人力、自我發展五個系列，為這本書規畫成五個篇章，探討的範圍概括：使命與目標的釐訂，領袖的角色與職責，為達成使命的行銷、革新和開源的策略，質化與量化兼顧的績效評估，志工人力的培訓與激勵，多重人際關係的照應，工作默契的培養，工作人員的自我提升與更新等。每一篇又分為「三部曲」；先做議題導論，再以抽絲剝繭的方式與有實務經驗的知名人士對談，把要點討論清楚。篇末則是以精要的結論做行動引導。這種深入淺出的鋪陳，加上真人真事故事化的表白，讓當時還不太習慣聽到「管理」這個名詞的非營利界讀者，覺得十分親切又非常受用。這都是因為杜拉克在出書前做過許多功課；他遍訪美國非營利界傑出的領袖人物，廣為收集資料，充分掌握各種實況。再將分析、歸納的結果，非常細緻地融入他的「管理哲學」架構中。使得全書有完整管理概念的呈現，有特地為非營利組織提出的建言，還有美國指標性非營利組織領袖的心路歷程。

而對於那時候已經在台灣社教、社工行業走過二十年歲月的我，書中最感動我的地方是，他一針見血地指出從事非營利這個行業可能面臨的困境和盲點。激賞之餘，我大力推介給「遠流」出版中譯本，希望透過文字的流傳，好讓更多在台灣與我同行的「同道」們得到指引和幫助，也讓廣大的台灣社會大眾更加了解「非營利組織」的真諦，以便共同為建造美好社會而努力。

一九九四年中譯本首版上市之際，也正是台灣經濟飛揚、民間活力澎湃、基金會數字與日俱增的時候，為提升基金會工作人員的素質，各種相關的研習會應運而生。中譯本首版幾乎就是當時唯一提供完整「非營利組織管理」概念的中文書籍，自然就成為需要者的主要參考課本。

歷經二十年後的今天，「遠流」又要出版的第三版中譯本《彼得．杜拉克非營利組織的管理聖經》，書名翻新得更為貼切（二版原書名為《彼得．杜拉克：使命與領導》）。儘管全球基金會和非營利組織的生態早已今非昔比，在台灣也有大批專家學者已投入研究的行列，相關的論述、著作和譯本層出不窮。我覺得這本杜拉克的原著內容扎實，編寫風格特殊，字裡行間處處蘊涵著非營利組織應秉持的價值觀和倫理觀，其重新審閱、修訂過的中譯本，仍然具有高度的啟發性和參考性。

導讀推薦三

公民人文主義

胡忠信（歷史學者、政治評論者）

在企業管理的叢林裡，彼得．杜拉克就是雄獅，他的威儀與遠景，塑造了企業文化的走向；正如西方思想界的教父們，杜拉克是管理學界的首席教父，是第一流的趨勢大師，是在思想的邊疆挺進的遊騎兵。

談到歷史學大師，必然談到阿諾．湯恩比，彼得．杜拉克正是湯恩比層次的思想大師，他們都承襲了希羅多德、蘇格拉底、耶穌以降的學術、人道傳統。杜拉克在談到他的宗教體驗時，特別引述齊克果的《恐懼與戰慄》：「人要回到靈魂的深處，探討生命的意義。」正是有了人文素養與宗教關懷，杜拉克才會提出「使命與領導」，強調「非營利組織」的管理方法，使「志工、社區、願景」三位一體合一，深化政府、企業以外「社會部門」（第三部門）的重要與趨向。

一言以蔽之，「非營利組織」的目的就是推動公民人文主義，使政治民主、市場經濟、公民社會能成為文明法治社會的三大支柱。至於什麼是公民人文主義的內涵，我們可從以下層次加以理解：

一、自由民主人權就是核心價值。從宗教改革、文藝復興歷經英國光榮革命、美國獨立革命、法國大革命，民主已成為普世價值與生活態度。自由的核心就是自決，自決意謂著承擔責任。人類運用自由意志解決紛爭，建立共識，追求典範。

二、政治民主、市場經濟、公民社會。政治民主、市場經濟是人類發展的主流價值，公民社會必然建立於法治與宗教的基礎之上，法治是他律，宗教是自律，唯有致力於草根民主與司法獨立，才能穩定公民社會的互信機制。

三、人文素養與宗教關懷。學會遵守法律秩序，處理好人際關係，養成勤勞的習慣，成為有品德的人，是人們成為紳士與淑女的養成過程。擁有理性與道德、羞恥心與正義感，對生命意義保持終極關懷，對社區、社會、國家乃至全世界具有承諾與認同，承擔起知識份子的社會責任，建立知識經濟的世界觀，是成為現代文明公民的基本要件。

四、多元主義與包容精神。在開放社會保持開放心靈，以「沙拉盤」取代「大融爐」的觀念，正如印度聖雄甘地所提出的四大步驟：尊重、理解、接受、欣賞，我們要以同理心營造人與人的互信，更要帶給下一代未來與希望，使人們心中滿懷信心與愛心，追求更美好的環境。

五、追求永久和平。哲學家康德說：「追求永久和平是理性的最高目標，也是道德義務。」致力於世界和平、族群平等、社會公義，正是人之所以為人的高尚目的。「公義使邦國高舉」，文明法治社會正建立於公義與慈悲的價值觀之上。

懷著崇敬的心情，我再次研讀《彼得．杜拉克非營利組織的管理聖經》，並抒發感想於上。尚友古人，轉益多師，意中有人，與彼得．杜拉克為師為友，可使我們提升境界，自我再造，進入探索生存價值與生命意義的層次。宋儒陳龍川如此自我期許：「推倒一世之智勇，開拓萬古之心胸。」彼得．杜拉克正是這種「魅力之交」的大師，有如此師友，夫復何求？

導讀推薦四

使命與領導的先驅

詹文明（彼得・杜拉克的入門弟子、北京彼得・德魯克研修學院客座教授）

在一篇刊於《哈佛商業評論》的文章裡，彼得・杜拉克如此描寫道：「女童子軍、紅十字會與基督教會等非營利組織，逐漸成為美國管理實務的領導者。這些組織在策略制定與董事會績效方面，做到了大多數美國企業還做不到的事情；在激勵與確保知識工作者的生產力方面，他們則是道地的管理先驅，足以作為企業的典範。」

非營利組織的管理之道，靠的不是企業的營利手法，而是「使命與領導」之道。因為每一項使命宣言都必須反映機會、能力與投入感三項要素，否則勢將無法凝聚組織內的人力資源去做好正確的事。

而「領導」的關鍵並不在於領袖的魅力，而是使命，因為只專注於個人魅力將使領導者走上誤導的不歸路。身為非營利組織的領導者，其職責就是要將使命中的說詞轉換成更精確的目標。理由是使命是永存的，甚至是負有神聖的任務；目標則僅是暫時性的。

這就是為什麼本書反覆強調「使命與領導」的真正原因。任何組織都要注意本身的優勢與績效表現，專注外界的需求與機會，且確認自己的信念，具體落實。

《彼得．杜拉克非營利組織的管理聖經》一書中，杜拉克以其罕見的智慧與問對問題的能耐，訪談了非營利組織九位卓越領導者的成功之道，他們的對談之間充滿了針對理想、願景、人才、行銷到績效管理的智慧結晶，真教人嘆為觀止！

像全世界最龐大的女性組織──美國女童子軍總會總裁海瑟貝恩女士當被問及最感得意的活動時，她答道：「小菊花童子軍」的新目標設定，她「協助小女孩成為充滿自豪、自信與自尊的年輕女孩」，因而立下了成功的典範。

其次，胡普學院董事長德皮利先生向來以「知人善任」著稱，他主張該發展的是「人」，而非「工作」，觀察人的潛力在哪？而不是想要改造他人，重點應該放在「挖掘長才」。

第三，杜拉克訪問行銷大師科特勒教授時，點出了「互惠」與「交換的思考」正是行銷概念的兩大支柱。其做法順序是一、先做市調，了解需求與市場；二、發展市場區隔；三、針對目標市場；四、將訊息向市場傳播。成功的非營利組織都是如此奉行不渝的。

第四位是美國心臟協會資深副主席海夫納先生。在被問到如何建立穩固的支持群時，他說：「推動事業前進的一股力量，就是擁有廣大堅固而可靠的擁護群。也就是在過程中建立了共識、擁戴之情與心靈上的滿足感，這才是創造大事業所需要的支援基礎，同時社區與每一位參與者也將因你的任務而受惠。」

被問到如何界定學校該有的表現時，美國勞工總會教師聯盟主席申克爾先生開頭就說，要先問：「我們打算培養出什麼樣的人才？」學校必須集中精力在表現與成果上，而不是教條和規則，為此要界定清楚本身的使命，同時也需要一套系統去實現使命，學校才有脫胎換骨的可能。

「你到底是怎麼做到聖經中五餅二魚的奇蹟？」對於這個問題，天主教會教區神職總執事巴特爾神父回答說：「一、建立標竿。二、兩年嚴格的領導計畫訓練。三、領導者的責任就是以身作則，為部屬設立嚴格的標準。四、每一個人的尊嚴都應受到重視，這是我竭盡所能要奉行的中心思想。也唯有如此，才能發揮五餅二魚的奇蹟。」

第七位卓越的受訪者是富樂神學院長哈博博士，素以成效卓著的董事會運作聞名全美，當談到成功的祕訣時，他說：「董事會是掌管大局者，他們管理一個機構；董事會是贊助者，既捐款又募款；他們是親善大使——到處去說明組織的使命；他們本身也是組織的擁護群之一，幾乎每一名董事都具備了一些專業技能，很可能在外界獲取很昂貴的諮詢費用。假如真的有祕訣的話，就是他們集贊助者、掌管大局者、親善大使和顧問的四種角色於一身。」

社群領袖聯線創始人、也是杜拉克基金會的創辦人巴福德（《人生的下半場》一書的作者）是第八位卓越的領導者，被問到如何在人生下半場中開創事業的第二春時，他回憶道：「就是如何重新調整自己的角色去服務人群，而為人服務正是人生的主要動力。」

最後一位是卓越的女性主管聖約瑟夫醫院副院長李蔓女士，當她被訪問到：「你從護士被提拔為主管時，到底上司賞識你哪一點？」她直截了當地說：「管理技巧、溝通技巧，還有非常關心照顧過的病人。」同時又補充道：「成功人士真正不凡之處，在於能夠建立起一個團隊，繼續發揮其工作、願景及組織。」這才是開發他人的領導之道，也是自我開發中意義重大的關鍵所在。

《彼得．杜拉克非營利組織的管理聖經》一書中，杜拉克點出了「你對世人的貢獻是什麼？」正是本書的核心概念，同時也引出本書的主要架構，包括第一篇的〈一切從使命開始〉到〈從使命到成效〉、〈經營績效〉、〈人力資源與人際關係〉到第五篇〈自我發展〉，其內容豐富加上每篇主題的行動綱要，是本書的特色之一，雖然從實例到內容與精神，都是遠在美國的題材，但究其借鑑之處，不論是針對非營利組織、政府部門，甚至是企業，都是一本不可多得的經典之作，也是各位主管必修的工具書。

徒有善意不足以移山，要用推土機才行。在非營利組織的管理中，使命與計畫代表善意，策略就是推土機，而策略能將使命轉化成具體的結果。企業也不例外，正因為如此，特願為該書導讀，予以力薦。

中文版作者序

現代社會的第三部門

從表面上看起來，本書是由美國人撰寫，主旨在討論美國的社會和社區機構，以及其所面臨的問題。不過，由於書中所闡述的一些挑戰難題，在所有的已開發地區中已經變得愈來愈普遍，中文讀者應該也會對此感到關心。

過去一世紀以來，西方社會早已對社群、社區和社會的諸多困境提出了兩點解答。第一個答案已達百年之久，認為可以把這些難題搬到市場上去解決。不過到二十世紀初期，這套法寶就不靈了。市場可說是整頓經濟活動最佳、也是唯一的方式，可是應用到社會問題時就不能同日而語了。這正好說明了為什麼從一八八〇年開始，德國率先提出了福利國家的概念，從此有愈來愈多的社會問題都交給政府去處理解決，二十世紀出現的集權政府正是矯枉過正的下場，共產主義更是其中的佼佼者。於是這第二套錦囊妙計也完全失效了，老實說，讓政府來解決一切社會問題只會愈幫愈忙。

社會問題的解決之道就在社會裡面。不久以前，西方人士還把社會一分為二，成為公共部門和私人部門，前者是指政府，後者代表企業界。現在我們不得不承認還有一個第三部門，我稱之為社會部門（social sector），或非營利部門（non-profit serctor）。本書的重點即在此。

這正好也可以解釋，為什麼從表面上看來，本書講的不過是發生在美國的事，卻在許多國外地區備受歡迎，不但登上日本的暢銷書排行榜，在斯堪地那維亞地區和西班牙也都極獲好評。在一些前蘇聯的衛星國家，像是波蘭、匈牙利和捷克共和國，由於共產主義的崩潰而導致社會方面的青黃不接，一時之間亟需社群整合運動，這本書竟然也成了當地人之所好，真非我始料所及。

老實說，對於所有邁向二十一世紀，而且國內社會又急速轉變的國家而言，都應該會成為本書的知音，因為值此轉變更替之際，舊有的社區早已運轉無力，而未來挑戰正方興未艾。當然，開發中國家在未來的世紀所要面臨的社會問題，差別亦不大，但是不同國家的應變之道各有差異，在中國固有傳統之下所提出的解答，很可能就與美國人所提出的那一套南轅北轍。正因為如此，我希望此書有助於中文讀者了解本身所處的社會以及其問題，同時在面臨非營利社會部門所帶來的挑戰時，可以從本身傳統出發，去尋找應變的良策。

彼得・杜拉克 非營利組織的管理聖經

目錄

新版推薦一　上善若水、不與人爭，才是社會企業成功之母／張明正　2
新版推薦二　年輕人準備好了嗎？／朱平　7
新版推薦三　做對的事，而且把對的事做好／楊儒門　10
導讀推薦一　「非營利組織」為什麼是未來社會的中堅力量？／許士軍　13
導讀推薦二　非營利組織管理的神話／鄧佩瑜　18
導讀推薦三　公民人文主義／胡忠信　22
導讀推薦四　使命與領導的先驅／詹文明　25
中文版作者序　現代社會的第三部門　30

前言　36

第一篇　一切從使命開始
領導者的角色
1 不認同、不投入，就不會成功　46

2 領導是一種擋風擋雨的工作 53
3 設定新目標
訪問美國女童軍總會總裁海瑟貝恩 77
4 領袖的債務
訪問胡普學院董事長德皮利 85
5 行動綱要 93

第二篇 從使命到成效

行銷、創新和基金發展的有效策略

6 化善意為成果 102
7 必勝的策略 110
8 界定市場
訪問行銷大師科特勒 127
9 建立穩固的支持群
訪問美國心臟協會資深副主席海夫納 140
10 行動綱要 154

第三篇　經營績效

如何界定和評估績效

11 沒有了底線，該怎麼辦？　162
12 基本守則：應該做和不該做的事　169
13 有效的決策　179
14 讓學校負起責任
訪問美國勞工總會教師聯盟主席申克爾　191
15 行動綱要　199

第四篇　人力資源和人際關係

和支持者之間的關係

16 用人的決策　206
17 多重的人際關係　220
18 從志工到不支薪員工
訪問天主教會教區神職總執事巴特爾神父　226

19 成效卓著的董事會
訪問富樂神學院院長哈博 236
20 行動綱要 246

第五篇 自我發展

以個人、執行者和領導者的觀點出發

21 責任在自己 254
22 你對世人的貢獻是什麼？ 261
23 以非營利事業開創事業第二春
訪問杜拉克非營利事業基金會創辦人巴福德 271
24 非營利組織中的女性主管
訪問聖約瑟夫醫院副院長李蔓 278
25 行動綱要 289

前言

非營利組織的事業是以造福人類為目的，由於缺乏企業界所謂的「底線」，他們更需要借重管理來貫徹使命的達成。

四十年前，美國社會的主流仍然是政府及大企業，因此，當我開始為非營利組織（non-profit organization）工作時，在社會大眾的眼裡，非營利組織不過是社會邊緣的產物罷了，老實說，甚至連他們自己都這麼想。那時大家都認為社會工作是政府的責任；至於非營利組織的角色，只是輔助政府執行已經開辦的計畫，或是在旁邊錦上添花一番罷了。

今天我們就比以前內行多了。我們知道，非營利組織不但已成為社會的主流，更是其中最不同凡響的特色。

我們也知道，政府推行社會工作的力量其實相當有限。同時，非營利組織所發揮的功能也絕不僅止於照顧某些特殊需求而已。每兩名美國成年人中，就有一名每星期會撥出至少三個小時為非營利組織擔任志願工作，就這點看來，非營利組織堪稱全美第一大「雇主」。透過非營利組織，美國人履行了對社區的基本公民責任。直到目前為止，非營利部門在美國國民生產毛額上所占有的百分比，仍然保持二到三%，與四十年前毫無軒輊，可是其意義已經起了重大變化。我們現在也體認到，非營利組織對美國人的生活品質和公民權有舉足輕重的影響力，而且也真正傳遞了美國社會的價值觀和美國人的傳統價值。

造福人類的媒介

四十年前，還沒有人去討論什麼是「非營利組織」或「非營利部門」。醫院就是醫院，教會就是教會，而男女童軍不過都是童子軍罷了。如今所有這類機構都冠上了「非營利」的名稱。這是個反義詞，告訴大家這些機構並不屬於什麼樣的性質。但這樣至少讓我們意識到，不管這些機構各自關注的重點是什麼，彼此仍有一些共通處。

我們也已經領悟到他們的「共通處」在哪裡，重點不在於這些機構和企業機構大異其趣，從事的都是不牟利的活動，也不在於他們不屬於政府機構，而在於他們所從事的事業與企業、政府都大不相同。企業供應貨品或勞務；政府做的是控管工作。顧客一旦購買了產品、付了錢、滿足了需求，商人的任務就算達成了。政府的政策如果推行順利，也就善盡了職責。但非營利組織供應的既不是貨品勞務，也不是控管的功能。他們的產品既非商品，也不是法規，而是脫胎換骨後的個人。所以，非營利組織是造福人類的媒介，產品可能是治癒的病患、受到教化的孩子，或是學會自尊自重的年輕人；總而言之，他們的人生從此變得不一樣了。

比任何組織更需要管理概念

四十年前，在非營利組織中，「管理」是個很糟的字眼，含有「企業」的意思在內，而非營利組織和企業絕對毫無關係。的確，許多機構都相信自己完全不需要像管理這樣的玩意兒。畢竟非營利組織不必擔心盈虧的問題。

對大多數人來說，「管理」這個名詞仍然代表企業管理。老實說，報紙和電視記者在訪問我時，都對我在為非營利組織工作而感到驚訝。「你能為他們做什麼？」他們問我，「幫他們募款嗎？」我回答：「不是，我們一起為組織制定使命、討論領導和經營的方向及方法。」記者通常會說：「這是企業管理呀，對不對？」

但是，非營利組織都知道，正因為他們沒有企業經營的傳統底線，因此更迫切需要管理概念。他們需要學習如何善用管理之道，他們更需要借重管理來完成使命。說真的，現在大大小小的非營利組織都不約而同地湧現一股「管理熱潮」。

儘管如此，專門針對非營利組織而設計的管理或領導教材，到目前為止還是少得可憐。許多這方面的資訊都是應企業界需要而發展出來的，並沒有兼顧到非營利組織的特性或特殊需求：例如不曾探討非營利組織的使命，而非營利組織與企業、政府機構最大的不同就在於使命；此外，對於什麼是非營利工作的「成果」、推銷服務和獲取贊助金時應採取什麼策略，或是如何因應內部創新和改革時所面臨的挑戰（因為機構大多仰仗志工的協助，無法隨意指揮調動人員），也都缺乏討論。下列的資訊則更貧乏，例如：非營利組織人力資源和組織的具體狀況；董事會在非營利組織中扮演什麼不同的角色；如何吸引志工加入組織，培訓他們，協助他們並達成績效；如何與各式各樣的支持與贊助群體維持良好的關係；如何募款和開發基金來源；或是如何處理個人疲勞倦怠的問題——由於非營利組織的工作人員通常都全心奉獻、全力以赴，因此這類問題特別嚴重。

非營利界極度渴望能夠有一套為他們量身訂做、專門探討他們的切身處境和問題的資訊，我的朋友巴福德（Robert Buford）因此建立了社群領袖聯線（Leadership Network）。巴福德住在德州泰勒市，是一位成功的企業家。社群領袖聯線專門協助非營利組織學習領導之道和管理技巧，特別針對一些大型教區的教會，不管是基督教還是天主教，近二十年來他們在美國國內出現頗為驚人的成長。

我有幸與巴福德一起挑起這項重要的任務，並孕育出本書的寫作意念；或者說，最初只是一個有聲書的專案，由我設計、製作一批錄音帶，並擔任主講，介紹非營利組織的領導和管理之道，叫做「杜拉克非營利專輯」（The Non-Profit Drucker）。

選擇系列錄音帶作為敲門磚，乃是基於兩項原因。第一，多用途，可以在開車上班途中、在家裡或會議中聆聽。其次，我們也覺得，應該要讓聽眾了解非營利界傑出領導人的經驗和看法。這樣一來，口述方式就要比書寫文字更有效。因此，在一九八八年春天，我們推出了一組二十五卷（每卷長約一小時）的系列錄音帶，結果廣受非營利界重視，特別是用在新職員、新董事和新志工的訓練當中。

我們從一開始就想過要特別為非營利界寫一本書，許多「杜拉克非營利專輯」的使用者也敦促我們把其中的資料改編成書。「我們想要閱讀你的觀念，」這些使用者告訴我，「不過我們希望的形式，是在錄音帶上聽到你訪問這些名家之外，還可以聽到你本人現身說法。」

非營利組織可說是近四十年來美國家喻戶曉的輝煌成就。本書即是以這項體認揭開序幕。在許多方面來說，非營利組織都是「高成長行業」，像是健康服務機構，例如美國心臟協會（American Heart Association），不但在疾病研究領域中領先群倫，他們的疾病防治和醫療工作也令人刮目相看；社群服務中有美國男童軍總會（Boy Scouts of the U.S.A）和美國女童軍總會（Girl Scouts of the U.S.A.），兩者分別是世界上最大的男性和女性組織；還有快速成長中的教區教會、醫院以及其他形形色色的非營利組織，紛紛在變遷快速且動盪不安的美國社會中如雨後春筍般冒出來，成為社會行動的中堅力量。非營利界造就了美國的「公民社會」。

今天面對的挑戰

不過到了今天，非營利組織要面對的則是非常不同的艱鉅挑戰。

首先是要把捐助者（donors）轉變為貢獻者（contributors）。在總體數量來說，現今美國的非營利組織所得到的捐贈，要比四十年前我剛進入這一行時多好幾倍，可是在國民生產毛額所占有的比例仍然維持不變。我認為這實在令舉國上下顏面無光，因為它表示相對而言，受過良好教育、生活富裕的年輕一代，要比他們窮困的藍領階級父母過去付出或捐獻得更少，真可說是教育的一大失敗。如果我們判斷一個行業的經濟活力是取決於它在國民生產毛額中所占的比例，那麼非營利界看起來一點也不健康。過去四十年來，休閒活動在國民生產毛額中所占有的百分比已成長兩倍；醫療服務的占有率也從國民生產毛額的二%攀升到十一%；教育的比例，特別是高等教育一環，也成長三倍。但在此同時，美國人捐贈非營利組織（造福人類的媒介）的金額卻一點也沒有增加。我們知道，今天再也不能期望從「捐助者」手中拿到錢，因為他們已經變成了「貢獻者」。我認為這是橫亙在非營利組織面前的首要任務。

今天的任務不只在於如何獲得更多的金錢來完成重要的任務，其中「施予」的觀念尤其重要，唯有如此，非營利組織才能實踐一項共有的使命：滿足人們對於自我實現以及實踐理想、信念的需求。讓捐助者脫胎換骨成貢獻者，表示每個人一早醒來、攬鏡自照時，看到的是他想看到的自己，一個負責任而關懷鄰里的好公民。

第二項對非營利組織的主要挑戰是：提出對社群（或社區）和對整體的目的。今天，大多數人都住在大都市和市郊住宅區，比較少住在小鎮上，但小城鎮是他們從小生長的地方。雖然他們脫離了早先的生命泊碇港口，但仍然需要有社群或社區的歸屬感。為非營利組織做志願工作，不管是為當地女童軍軍團工作、在醫院裡當志工，還是在本地教會的查經班中當班長，都為許多人帶來身處社群或社區的感受，找到了人生的目的和方向。我與非營利組織的志工聊天時，會一次又一次問他們：「你為什麼願意付出這麼多時間？正職工作已經夠你忙的了。」我總是聽到同樣的答案：「因為在這裡，我知道自己在做什麼。在這裡我奉獻自己，在這裡我是社群的一份子。」

非營利組織是美國人的社群組織，讓民眾有能力去表現自我，而且有所成就。正因為志工不支薪，無法從薪資報酬中獲得滿足，他們必須在自我奉獻中得到更大的滿足感，非營利組織應該把這些人視為不支薪的員工，不過大多數的非營利組織在這方面都還有待加強。在此我不要說教，而希望能藉由成功的範例指引他們如何去做。

本書共分為五篇：

一、一切從使命開始——領袖的角色；

二、從使命到成效——行銷、創新和基金發展的有效策略；

三、經營績效——如何界定和評估績效；

四、人力資源和人際關係——和支持者之間的關係；

五、自我發展——以個人、執行者和領導者的觀點出發。

在每一篇我都先做導論，接著是一、兩篇的訪問紀錄，訪問的對象都是非營利界的知名人士。每一篇末都有以行動為導向的簡短摘要。

感謝

本書能夠出版，要感謝許多人的貢獻。首先，我希望對非營利界的領導人士致上深深的謝意。他們非常慷慨地道出自己的經驗心得，從而促成了此書的誕生。他們在自己的組織中所獲得的成就，讓我們看到了應該做什麼事和怎麼去做。

然後我想要謝謝我的朋友巴福德。在本項計畫中，他自始至終都給予我堅定的支持，並不吝提出忠告。他在企業界成就非凡，而現在更將他卓越的才幹、以及愈來愈多的時間和財力投注於領導非營利事業上，造福人類。他所樹立的典範，為我們指引了方向。

最後還要向三位編輯致謝：亨利（Philip Henry），錄音帶的編輯和製作人；我在哈潑科林斯出版公司（HarperCollins）的朋友兼編輯康菲爾二世（Cass Confield Jr.），他設計出一套精妙的架構，可以把口語轉化成書面文字，同時還保留了口語溝通的順暢；我也要感謝老朋友包吉爾（Marion Buhagiar），他經常幫我校訂文稿，同時不忘保持文章本身和語言的完整性。

對所有的人，謹在此致上我最溫暖的謝意。

彼得．杜拉克

一九九〇年七月四日於加州克萊蒙市

第一篇

一切從使命開始

領導者的角色

1 不認同、不投入，就不會成功

2 領導是一種擋風擋雨的工作

3 設定新目標

訪問美國女童軍總會總裁海瑟貝恩

4 領袖的債務

訪問胡普學院董事長德皮利

5 行動綱要

1

不認同、不投入，就不會成功

每一項使命宣言都必須反映機會、能力、認同與投入感三項要素，否則勢將無法凝聚組織內的人力資源去做好該做的事。

非營利組織的出現，是為了要給社會及社會大眾帶來改變。首先，讓我們來釐清使命的定義，並探討其中諸多可行及不可行的說法。請記住，要檢視使命可不可行，並不在於宣言漂不漂亮，而是一定要經由實際行動來證明。

許多非營利組織人士最喜歡問我：領袖的特質是什麼？就好像他們可以到儀態學校去學習怎樣做一位領袖。與此同時，他們似乎也假設，學會了領導的技巧便萬事亨通。這種想法實在是一種「誤導」——錯誤的領導。只專注於個人魅力，將使領導者走上誤導的不歸路。二十世紀中出現了希特勒、史達林及毛澤東這三位頗富魅力的領袖，然而他們為人類帶來的災難，幾乎遠較歷史上任何人都來得浩大。所以領導的關鍵不在於領袖魅力，而是使命。因此領導者首先要為所屬的組織制定使命。

制定具體可行的目標

讓我們先從一個簡單通俗的例子開始。某家醫院的急診室發出如下的宣言：「我們的使命是安撫受苦的人。」說得再清楚不過了；或者，看一下美國女童軍所定的使命：「幫助女子成為充滿自豪、自信和自尊的女性。」美國東岸有一間教會，將耶穌視為教堂領袖及執行總裁，以此訂出了自己的使命；而救世軍（Salvation Army）則表示要協助遭社會拒絕、排斥的人重新成為好公民。阿諾特（Thomas Arnold, 1795-1842）是十九世紀英國最偉大的教育家，曾創辦了公立學校，他制定其使命為「將愚民脫胎換骨成為紳士」。

我個人最欣賞的使命宣言並非出自非營利組織，而是來自一家企業機構，就是這項使命，使得施樂百（Sears）從二十世紀初一家掙扎求生、瀕臨破產的郵購公司，在不到十年之間搖身變為領導全球風騷的零售店。這項使命說得好：「我們要成為消息靈通且負有責任感的採購者，首先服務美國農民，然後擴及全美的家庭。」

幾乎所有我所知道的醫院都表示：「我們的使命是健康服務。」這可真是大錯特錯。醫院可不是在照顧健康，而是醫療疾病。你我這樣的人都要好好照顧自己的健康，諸如不要抽菸、不要酗酒、早點上床睡覺，並注意自己的體重等，唯有在健康出了毛病時，我們才去醫院看病。

而「健康服務」這項使命的更大謬誤，在於無法指引隨之而來、應有的具體行為及行動。好的使命必須能夠付諸行動，否則只不過是漂亮話而已。因此，使命宣言必須集中在組織真正努力要做的、而且實際可行的事情上，這樣一來，組織內部的員工才能毫不含糊地說：「這些是我對組織所做的貢獻。」

許多年前，我曾經與一家大型醫院的主管們商討訂定該院急診室的使命，我們著實花了很長時間才想出一個非常簡單明瞭（很多人認為過於淺顯）的使命，也就是上述所言：「安撫受苦的人。」但其實要想出恰當的說法，非得徹底了解急診室的狀況不可。而且很多醫師或護士驚訝地發現，在八〇%的情況中，他們的最大功能就是告訴求診者，回家好好睡一覺，一切問題就會自然解決。也許病人不過是受到了一些驚嚇，或是帶來的嬰兒罹患了流行性感冒，就算是更嚴重的病情，醫師和護士都可以加以安撫，便能夠減輕病人的焦慮。

於是我們找到了恰當的宣言，看起來實在淺白不過。然而等到轉換成實際行動時，就表示任何走進急診室看病的人，可以在一分鐘之內獲得合格人員的照料。這就是使命，就是大目標，其餘則是執行。於是有些病人可以立刻被送到加護病房，有些要再檢驗，有些則被指示：「先回家去，好好睡一覺，不要擔心。如果明天症狀還沒有消失，再來看醫師。」而最優先的目標，總是立刻先診察每個病人，因為這是唯一的安撫方法。

思考使命的最大回報

身為非營利組織的主管，職責就是要將使命宣言轉換成更精確的目標。使命可能永存不變，只要有人類，就有罪人，就有人生病、酗酒、吸毒或遭遇不幸。好幾百年來，我們建立了各式各樣的學校，試圖教育懵懂貪玩的小孩，試圖塞一點知識進他們的腦袋裡。

目標可能是短暫的。當使命完成時，暫時性的目標則可能因此而結束，或是從此改頭換面。一個世紀以前有一項重大創新，就是興建肺結核病療養院。現在，我們已經了解如何使用抗生素對抗肺結核病菌，至少在工業化國家中，這項使命可說早已圓滿達成了。所以非營利組織的主管必須回顧、調整或結束這方面的工作。使命是永存的，甚至負有神聖的任務；目標則僅是暫時性的。

我們常犯的一個錯誤便是野心過大，將使命膨脹成為無所不容的大話。其實，使命應該簡單明確。每當你加入新的任務時，便應將舊有過時的部分丟棄，切忌野心過大。看看大專院校所提出的使命往往過於龐雜，企圖達成五十件不同的任務，造成別人的認知混亂，一點用處也沒有，反而是基督教基要派神學院吸引不少年輕人前往就讀。也許會有人批評：這些學校的使命非常狹隘，但它非常清楚，不僅學生容易了解，教授也一樣，決策人員更知道該如何執行，比方說，不會什麼系都想設立。

總之，有取必有捨。與此同時，也要考慮清楚，怎麼做才能得到最大的回報，怎麼做只能帶來邊際貢獻，或者已經過時。

一百年前，當時醫院的最大貢獻大概就是設立了婦產科，雖然許久之後大眾才接納這個想法，才體認到在不斷成長的都市中，在家生產其實是冒著被感染的威脅，接受未經專業訓練的外行人的助產，使得生小孩變成一件相當危險的事情。到了今天，我會認為不是每家醫院都要設立婦產科，很多醫院並不附設這個部門，部分原因在於今日的生產環境已經相當安全且容易控制；同時也因為事情一旦出了差錯，問題會更形嚴重，所以需要凝聚資源，集中心力在某些任務上。以市郊住宅區而言，可能沒有足夠的空間去完成一流的婦產科服務，所以也許你不能一下子就撤除婦產科，但仍要逐漸淡出。

另一方面，將近半個世紀以前，精神病抑制藥物尚未問世，醫院對精神病可說一籌莫展。今天，絕大部分的精神病患都可以在社區醫院接受治療，如果出現沮喪、憂鬱等症狀時還可以短期住院等等。因此，你也可以決定在這方面做出重要的貢獻。

所以，記住要常常觀察科技的最新發展，還要注意社區中可加利用的機會。雖然醫院的主旨是照顧病患，而不是變成百貨公司或教育機構，但個別的目標還是經常會變動；曾經重要的也許會過時，你必須時時保持敏銳的觀察及行動力，要不然過時的將是自己。

落實使命必備的三要件

一、注意本身的優勢和表現：如果你在某些項目上表現優異，就要做得更好。一個錯誤的想法，就是認為所有的機構都無所不能。當你違背了機構的價值觀時，就可能會把自己的工作弄得一團糟。一九六〇年代，學者一窩蜂開始研究都市問題，但卻無法勝任，因為學界人士的價值觀和政治問題大相逕庭，而且對權力角逐也一竅不通。與此同時，醫院則一頭栽入所謂的健康教育中。他們教導來看病的糖尿病人有關飲食及應付壓力的知識，試圖讓這些病人自力更生。結果證明，這樣做行不通，因為醫院所擅長的並非預防，而是好好照料已經發生的健康上的損傷。

二、時時注意外界的需求和機會：當我們手中的資源很有限時（我指的不只是人力和財力，也包括能力在內），哪裡可以讓我們發揮最大的力量，並樹立新的標竿？要樹立標竿就得埋頭苦幹，交出漂亮的成績，藉此把表現的境界推向更高一層。

三、確認自己的信念：使命絕非不痛不癢、冰冷無情的。我從來沒有看過任何不用心投入的人可以把事情處理得乾淨俐落。我們都知道發生在福特汽車公司艾德西（Edsel）型車的事。大家都以為艾德西之所以失敗，是因為福特沒有做好生產工作，其實，該型車是公司最棒的車子，技術最精良，研究最完備，一切都最棒。只有一件事出了差錯，即公司上下沒有一個人相信它會成功。這個產品是一項實驗室的發明，而非眾人的心血結晶，一旦它出了問題，誰都不肯對這個試管嬰兒伸出援手。在此，我並不是一口咬定它本來一定可以成功，但是沒有「人」的投入、用心，它就完全被封殺了。

因此，首先要問自己，需求和機會在哪裡？適合我們嗎？有沒有能力勝任？與我們的優勢互相配合嗎？我們是不是真的相信它？不只是有形的產品，服務業也同樣適用於這種思考方式。

所以，你必須具備三樣條件：機會、能力、認同與投入感。相信我，每一項使命宣言都必須反映出上述三項要素，否則勢將無法凝聚組織內的人力資源去做好該做的事，在到達最終的大目標之前將力竭而止，無法接受最後的考驗。

2
領導是一種擋風擋雨的工作

非營利組織有許多牢不可破的原則。身為非營利組織主管，你所面臨的是如何取得平衡、整合，並調節各項守則，以求取最佳的表現。

本世紀最傑出的領袖首推邱吉爾。不過，從一九二八到四〇年的敦克爾克撤退前，整整十二年間，他被迫完全退出政壇，甚且到了聲名塗地的地步——因為當時的英國表面上堪稱太平盛世，因此也就不需要他。可是當災難發生時，真是老天保佑，英國還有他可以挺身而出。說起來不知是幸或不幸，任何組織中唯一可預測之事就是危機，而且危機總是會來臨。在這種時刻，你的確必須仰賴領袖。

領袖的職責首推對危機的預期；危機的來臨或許不可避免，但不可不預防。一旦危機來臨時，就要加以解決，而不是將領袖的寶座拱手讓人。傑出的領袖必須能帶領組織預期風暴於何時降臨，估計可能的殺傷力，並行動於未然，度過風雨。這就叫做創新，也就是不斷地改良。你或許不能避免一場大災難的來臨，但可以訓練整個組織充滿備戰的情緒，而且士氣高昂，並在經過危機之後更加了解如何應變，信任自己，也彼此信任。就像在軍事訓練中，首先要求士兵絕對要信任自己的長官，否則大家將無法作戰。

成功帶來的問題

成功所帶來的困境，往往比面對失敗更為難纏，許多機構就是因此而毀於一旦，由於成功而垮掉的組織，要比因為失敗而毀掉的組織多得多。這是因為每當事情出了差錯，大家都曉得自己應該更努力工作；而成功則讓人沖昏了頭，不知不覺便離了譜，致使在工作上心滿意足、不求突破，這可能是最不容易克服的問題了。到加州之前，我曾經在紐約大學教了二十年書，之所以離開那裡，部分原因是紐大的學生人數雖然不斷地增加，校方卻決定要縮減該校的商學研究所。離開紐約後，我在克拉蒙特（Clarement）另外開辦了一所管理學院，同時嚴防自己擴充過速，我精簡人事，一方面確保聘請到一流師資，另外再輔以兼職及半職的教授，最後再建立起完善的行政網，如此才能隨著成功起飛。請記住，當市場成長時，你也要跟著成長，否則終將被潮流所淘汰。

最近我常與一位牧師爭執。牧師的教會在社區裡，當地有許多年輕人和退休人士想要前往聚會，牧師卻希望保持小教會的親切氣氛，以便熟悉每個教友。我則對他說：「麥可，這可行不通喲！」現在，他來此地五年後，教堂開始沒落。對非營利事業的領導而言，從這個例子得到的教訓是：要跟隨成功而成長，同時也別忘了要靈活變通，切勿食古不化；市場的成長總會慢下來，組織的發展終有停滯的一天。你要能屈能伸，繼續保持自己向前的動力、應變能力、活力和對未來的展望，否則就只好坐以待斃。

進退兩難的抉擇

非營利事業並沒有什麼盈虧「底線」可言（底線指的是財務報表最底下的一行數字，是盈是虧就看這個數字）。大家傾向於將所有推行的活動視為必要的工作，而且充滿正義感及對使命的熱忱，所以這些組織也就不願意表示：「如果活動的預期結果不夠理想，我們就改弦易轍，將資源用在其他地方。」其實，比起一般營利機構，非營利事業的負責人更應該好好學習有計畫地刪減業務，還要懂得面對關鍵的抉擇。

有些抉擇非常難以取捨。我有一位朋友是天主教神父，同時擔任一個大教區的總主教。有一次大主教召他前去商討神父人數縮減事宜。哪一種服務是他們該繼續的？哪一種該刪除？教區裡一項令人尷尬的事情就是：在大教區的天主教學校裡，九七％

的學生都非天主教徒，也不打算信教；他們不過是不想去公立學校罷了。我為此和教會人士爭執了好幾年。有些神父堅稱：「我們的首要任務就是拯救靈魂，不是教育大眾。所以我們應該優先考慮保留神父及修女。」而我說：「你們看，《聖經》說『萬務以慈善為先』，教堂現在做的不正是這個？你們可不能棄迷途的羔羊於不顧。這是價值觀的取捨，而且是關鍵所在，不是我們想避開不談就可以不管的。」

一旦你認清關鍵所在，才能有所圖變。當然，前提是你已經有了改革的準備。就和營利組織或政府機構一樣，非營利組織也需要改革。首先要體認到，改變並不是壞事，而是機會。

我們應該知道去哪裡尋找改變之路，以下是幾個例子。

意外的收穫

一些提供高等教育的學府開始了解到，讓高學歷人士進修的成人教育，不僅是奢侈品、額外收入或妝點門面的公關伎倆而已。在一個資訊社會中，這種行為已漸漸蔚為主流。因此，這些學校開始發動行政人員及教授們去吸引有意回校進修的醫師、工程師及主管。

人口變動

差不多十二年前，美國女童軍總會體認到國內人口的變遷，其中以少數民族的增長最為迅速，產生了新需求及改變的新契機，促使該機構開拓新的戰場。現在該會有十五％的女童軍是少數民族，這就解釋了為什麼全美國的適齡女童軍總人口在持續下降，該會卻還逐年保持成長。

意志及心態的轉變

很少有任何因素能像女權運動一樣，在過去二十年改變了大眾對社會的觀感。到底它產生了什麼新氣象？你將會在第十八章我與巴特爾神父（Father Leo Bartel）的一篇訪談紀錄中，看到一間教堂在近年來飽受神父和修女人數銳減之苦，而女權運動卻為它製造了起死回生的機會。

再看另一個例子：大約十五年前，美國最大的志工組織是美國心臟協會，該協會感覺到，儘管他們的原始任務、即研究工作還未完成，但是促成社會大眾重視保健問題，亦可為人們造就另一項新契機，於是該會決定改弦更張。

這些故事教導我們：不要觀望猶疑，而應該讓你的組織準備好，有系統地進行改造創新。做好準備，豎起探測內部和外界機會的風向球，並仔細觀察有助於改革契機的各種變化。要想將上述各項行動融入本身的系統，身為組織領袖的你就必須能以身作則。

完善的行動系統

應該如何建立一個完善的系統，既可以保持時時創新的活力，又能兼顧激勵平時的活動？且讓我試著規畫出一些可行的步驟。

首先，做好準備，多往外看，搜尋機會。機會不會自動送上門來。這項行動特別重要，因為目前大多數組織的彙報系統都無法顯示出機會在哪裡，它們只報告或指出問題所在，講的都是昨日黃花，所能回答的問題是我們已知的。因此，我們必須想辦法超越彙報系統。每當你需要轉變時就問自己：如果這對我們是個機會，它會是什麼樣的機會？

接著，為求有效地執行改革，先要緊記以下幾項原則：

第一，扼殺創新行動最常見的愚行，就是企圖過度保障自己。日本商人在出口電話機所犯下的錯誤，就是一個活生生的好例子。當時為了保護自己開發出來的技術，他們兩面下賭注，決定出售兼具機械（可以輕易插入現成系統中）及電子功能的配電盤。然而具電子功能的配電盤迫使顧客必須扔掉舊機種，不管原有的設備是否仍然好用。但那些決定擴張或改良現有系統的用戶，最後乾脆停止使用舊系統，直接改用最新機種。因此日商的如意算盤可說是完全失敗了。

相似的失策也出現在醫藥界。二十年前，許多收容住院病人的醫院見到門診業務蔚為熱潮，於是紛紛在院內附設門診部，結果卻乏人問津。另一方面，獨立於大醫院之外的手術專業醫療診所反而行得通。

第二，你要以全副精神去籌畫改革行動，而且必須為它另做安排，就像嬰兒要放在育嬰室中撫養、而不應讓他睡在客廳裡一樣。如果你打算在原來的單位或組織中注入新的想法，不管那是一家神學院還是汽車製造工廠，眼前層出不窮的日常瑣事、難題總是要比明天的事務還重要。一旦你打算在原來的制度裡進行創新和改造，你永遠拖慢了明日的發展。因此，新計畫必須透過新手段來執行，同時還要確保原有的組織運作不致因此而喪失了活力，否則兩者不但會互相牽制，甚至可能導致惡意相向，一切停擺。

創新的策略

接下來，你需要擬定一項創新的策略，一種將新意念推介到市場上的方法。成功的創新有賴鎖定恰當的機會目標，通常你的目標必須心胸開放，樂於嘗試新事物，並亟想獲得成就，同時還是組織中德高望重的人物，如此一來，如果他們接納你的新觀念，勢必能引起組織內其他人的重視。

許多人經常問我：「如果你現在經營一家都會博物館、大型公共圖書館或社區服務中心，會不會在組織中另設一個小型的研發或行銷工作小組？這種內部小組可以專事評估組織的創新契機。」

老實說，「會」和「不會」都是正確的答案。說「會」是因為你的確需要找到一批員工去做這些辛苦事；說「不會」是因為如果將計畫孤立出來，很可能會忽略一些看起來無甚緊要、事實上卻很關鍵的細節。讓我舉一個很簡單的例子。一位在大型藝術博物館工作的主管，打算將老舊而限制對外開放的博物館，轉變成為一間具有社區教育功能的現代美術館。館方另外設立了一個籌備小組，策畫一些極為出色的展覽及公關活動等。可是由於小組人員的作業與館方的日常業務完全分開，策畫時不免忽略了實務方面的一些細節。譬如說，他們沒想到停車場的需求原來這麼大。另外，假設館內突然湧入三、四百名小學生，廁所的設備立刻就無法應付。博物館開放後，那種擁擠嘈雜的「盛況」，可不是你所能想像的。

假如你先策畫再執行推廣，不但可能忽略了許多細節，也太過浪費時間（這有可能是好幾年）。行銷推廣的工作必須一併納入考量，這表示你應該把負責執行的人員牽涉在內。不過別忘了，任何新計畫都要全心全意地投入，而不只是玩票性質的兼差而已。

邱吉爾式的救星也許可遇不可求，幸而另一種救星卻相當普遍，情況需要時，儘管實際狀況和當初面談時相差很大，這些人都能夠放下身段挽起袖子，不計一切地去完成辛苦的差事。我認識一位大學校長，他本來在經費充裕的公立大學工作，因為某所學校的董事會承諾會為學校籌措經費，於是他答應出任該校校長一職。他滿懷大志地上任，準備要革新教員聘任和教學制度，卻在詳細審視之後沮喪地來找我：「有人得去籌措經費，要不然學校撐不過五到十年。」我聽了就說：「你知道，能當此大任的只有一個人，就是校長。」他回答：「恐怕被你說中了。」他委託校內一位十分能幹的同事代理了五年校務，自己則將全副精力用於籌募經費，結果成績斐然，漂亮地挽救了這所學校的窘境。

讓我再舉一個有關鄉村電力合作社的例子。這家合作社規模很大，成立於一九三〇年，當時美國的農民普遍得不到任何電力供應。現在到處都有電力，所以問題來了：我們現在該做什麼好呢？對於將合作社賣給附近的大發電廠，董（理）事會及會員都覺得十分不捨。此時剛好有一名新主管加入機構，他做了一番評估後表示：「以電力互助社而言，我們算是功成身退了，但以社區發展中心來說，我們才剛起步呢。

目前農民正面臨重大困境（當時是八〇年代早期，美國正值嚴重農業不景氣），必須提供所有基本的社區服務給各地農民會員，這只有透過健全的供銷系統才辦得到。」

他改變了一切，創造出一個嶄新的服務項目。一直到現在，農村地區的物價仍然較低，而且受到管制。不過，拜這名主管的卓見所賜，在這個供銷系統內的六個郡雖然稱不上富裕，生活倒還過得去。這就是有效的危機領導。

如何選擇領袖

假設我是非營利組織聘任委員會的一員，要替組織遴選招聘一名合格的主管，面前堆滿了琳瑯滿目的候選人名單，我要如何篩選？

第一，我會注意候選人的經歷及長處。許多聘任委員會常常太過專注於挑候選人的毛病。我聽到的問題總是認為此人經驗如何不足，而不在於此人有什麼專長。他們會擔心這位候選人不懂得和學生互動等等。但請記住，首要之務是審閱對方的長處，有才幹才有表現，並注意他們如何利用自己的才幹。

第二，我會先了解這個組織的需求。然後問：「現在面臨最迫切的挑戰是什麼？」可能是募款，可能是重建組織的士氣，重新界定使命或引進最新科技。今天如果有一家大醫院需要一名行政主管，那麼我所強調的才幹，就是能將醫院的角色由疾病看護提供者，轉為「疾病看護提供者」的管理者，因為將來會有愈來愈多的職責在醫院之外完成。要尋找的人才能力，必須配合需求和趨勢。

第三，我會注意候選人的性格及品行。一名傑出的領袖該為大家樹立好榜樣，特別是成為組織中年輕一輩的學習典範。許多年前，我從一位見識不凡的長者那兒學到很多道理。當時我才二十出頭，而他已年近八十，是一家國際大企業的主腦，並以知人善任蜚聲全球。我曾問他：「你器重什麼樣的人？」他回答：「我常問自己：『你會不會讓自己的兒子在此人手下做事？如果他將來飛黃騰達，年輕人都將向他看齊，你願不願意兒子變成像他一樣？』」我想，這就是最佳答案。

大家都知道，在一些平庸無能的領導人帶領之下，許多企業和政權照樣安然無事地生存下去。不過在非營利組織，這可行不通，顢頇無能差不多立刻會被看穿。主要區別在於，非營利組織有諸多原則，而不僅僅是一條底線而已。在企業界中，你還可以大言不慚地辯論，利潤的追求到底是不是衡量成敗的好量尺。短期也許不是，但長期來說，利潤終究是最重要的；當你身處政界，你必須當選才能連任。然而經營非營利事業時，不能沿用相同的指標。你所面臨的是如何平衡、整合，並調節各項原則，以求最佳表現。

此外別忘了，非營利組織的主管也沒那麼好運，只需要對付一群主要顧客就可以了。如果是股票上市公司，股東就是主要顧客；至於政府呢，則是選民。但我們討論的是校董會、公共服務中心或教會，主要顧客至少有好幾群，而且每一群都只具有否決權，而無決策權。這種情況充分反應在你所屬組織的理事會或董事會中，他們經常會密切參與業務的運作。你可以將公立學校比擬為政府部門，但是校董會可不能相提並論，它具有贊助者的角色，因此，校長的難題也就常常隨之而生。與其說校長是管理者，毋寧說他們更是公共服務提供者。

當一名非營利事業的主管，照章行事、中規中矩是不夠的，你得出類拔萃才行，因為組織的存在自有其崇高的意義。你要求每個人都當領導者，都要對組織的功能有長遠的眼光，重視自己所扮演的角色，而非個人的地位。任何處於領導地位而自詡為強人者，終將毀了自己和整個組織。

個人的領導角色

非營利事業的新領袖通常沒有很多時間去培養個人聲望，也許可以有一年的空間。要在這麼短的時間之內建立效率，領袖的角色必須與組織既有的使命和價值觀相吻合。我們每一個人都有自己的角色，可以是家長、老師或是領袖。要想做得有聲有色，就得符合角色的三個層面：第一，這個角色必須適合你的為人處事風格。具有喜劇風格的演員是演不來莎士比亞悲劇的。其次，你的角色要能配合工作要求。最後，該角色要能符合眾人的期望。

我曾經聘請一位傑出的年輕人擔任老師，他在大學課堂中卻慘遭滑鐵盧。事情源於這位老師在教一年級新生時，態度總是太過親和、沒有權威感，學生簡直是造反了。他可不知道，一群十九歲出頭的毛頭小伙子，預期的是權威式導師，而不是好好先生。

有兩項因素值得領導人加以運用、建立基礎：組織成員的素質，以及領導人對這些成員提出的新要求。新要求是些什麼，可以經由審慎的分析或觀察研判而來，端視你如何操作。我個人比較依賴自己的觀察能力，但我同時也見過許多非常能幹而有效率的人是非靠數據不可，全憑紙上作業得出的結果也一樣精確。

簡單說，世上根本沒有什麼「領袖特質」或「領袖性格」。當然，有些人做起領袖來，天生要比別人強。不過，大致而言，我們在此討論的是經由耳濡目染、而不是坐在課堂中就可以學習而來的經驗。當然啦，有些人可能怎麼都學不來；或許這對他們並不重要，或許他們寧願當個追隨者。

以我之見，最有效率的領袖從來不強調「自己」。不是因為他們善於克己，而是因為心中無小我、只有大我的緣故。他們通曉如何推動組織運行，對自己的責任了然於胸，絕不推卸責任，凡是有功勞一定歸諸大家，同時也全心投入工作崗位及全體員工。互信於是油然而生，這樣才能夠推動工作。

在莎士比亞的《亨利五世》一劇中，年輕王子的父王剛過世，他繼承了王位，縱馬出遊。此時，聲名狼藉的侍從武士老富爾斯達（以往曾隨王子到處狎玩），看見這種景象，出聲呼喚昔日的「小亨甜主兒」，可是新王揚長而去，理都不理，富爾斯達不禁深受打擊。老國王從來就不是個好父親，對自己的兒子不聞不問，冷漠無情，全靠富爾斯達帶大。但今非昔比，新王成了眾所矚目的焦點，必須為自己建立不同的行為準則。身為領袖，一言一行盡入旁人眼中，無所遁形，自然不能讓大家失望，而要符合眾人的期盼。

另外，有一位卓越的德國政治家在第一次世界大戰前夕，就預感到山雨欲來的情勢。身為當時的駐英大使，他同時也非常反戰，竭盡所能企圖扭轉局勢。然而當時的英國國王愛德華七世是個不折不扣的花花公子，極喜愛外交使節團為他舉辦大型舞會，會中有倫敦最當紅的高級妓女，由巨型蛋糕中赤裸裸地走出。大使對這一切極為反感，表示不想淪落為皮條客，無顏面對自己的良心，因此掛冠求去。老實說，我並不認為他有能力力挽狂瀾，也可能做出一些錯誤的決定，但他充分顯示出領袖的風範。這就是說：領袖的一言一行總在眾目所及之處，如果你自覺所作所為是個皮條客的行徑，那麼別人一定也知道。

領袖的本領

「時勢造英雄」，這句話真值得細細玩味。在太平盛世的年代，邱吉爾式的人物也許反而不能適應，沒有效率。他要的是硬碰硬的挑戰。同樣的處境大概也適用於羅斯福，他其實是個懶惰的人，要是在一九二〇年代當上了總統，我想也不會是個好總統。另一方面，有些人天生只能在順境中按部就班行事，一旦出了狀況，便張惶失措。機構大都需要能在險境中鎮定自如的強者，重要的是他們必須時時自我磨練基本的競爭心和競爭力。

第一項必備的基本能力，我認為是能自我克制地聆聽的本事。聆聽的本事不是靠學習，而是一種自我克制。大家都辦得到，只要閉上自己的嘴巴就可以了。第二項不可或缺的本領，是良好的溝通技巧，把話說明白，這需要非常有耐心才辦得到。人性的弱點是我們永遠像個三歲小孩般，需要不斷地耳提面命。因此你必須一次又一次重複說明，闡明你的想法。其次，不要企圖為自己辯解，要說：「這次做得不夠理想，讓我們重新再來過。」你要不就做得最棒，要不就什麼也不做，可不能敷衍了事，如此才能建立組織內部的共識、認同和榮譽感。

最後一項必要能力，在於明白：與工作的職責相較，個人並不是那麼重要。領導者必須自我要求保持客觀和超然；他們附屬於工作，但絕不與工作混為一體。職責要比掌權者本身還大，而且更重要。我們最不想見到的事情就是領袖離職之後，整個組織因此而全盤瓦解。一旦不幸發生這種狀況，就表示這名領袖其實是組織的催命符，並無建樹可言。他／她也許是個稱職的執行人員，可是並不是個放眼未來的領袖。路易十四曾經說過：「朕即是天下。」他卒於十八世紀初期，此後法國即現出崩塌的敗象，終於導致了法國大革命。

能幹的非營利事業領袖就算全心奉獻給工作也能從容不迫，保持個人風範，並將工作處理得井井有條，不會因為他們的去留而影響事業的發展。另一種領袖則一切皆為自己打算，以達到個人目標，到後來變得自私自利，目空一切，而且充滿猜忌。邱吉爾的大優點和羅斯福的大缺點就在於：邱氏一生，直到近九十歲的古稀之齡，都不遺餘力地提拔後進，不愧是一代典範，無懼於長江一波又一波的後浪推上來；而羅斯福到了執政末期，簡直就見不得屬下表達己見，把所有稍有獨立能力的人都封殺掉。

我不希望任何人為組織鞠躬盡瘁，一個人應該付出的是努力。一個組織之所以吸引人，是因為它要求高，可以激勵自尊和榮譽心。大多數人都想要奉獻自己、自我完成。你不妨看看那些學生勤學與否的學校，兩者的分別其實並不在於教學的品質，而是因為好學校致力鼓勵學生努力學習。多年前，我做了一個研究，比較表現各呈兩極的男童軍團，結果發現，表現好的童軍團都會期望志工及團長等人員盡心盡力。這裡所謂的盡心盡力，絕不僅僅是稱職、每星期五晚上出席兩小時而已。嚴格的要求反而使得志工及參加的孩子們趨之若鶩，激發向心力。因此，領袖的任務就是為屬下樹立高標準，條件是對事不對人。

領袖多非天生，而是經自我修鍊而成，這世界需要更多的領導人，單靠以天才取勝的領袖是不夠的。最佳的例子莫過於杜魯門，他既非天生領袖，也沒經過訓練，但終成一代人才。杜魯門剛上任總統時，可說完全手足無措。羅斯福之所以會選他當副總統，就是看上他表現平平，無足為懼。但杜魯門表示過：「我現在成了總統，不能再推卸責任了。」同時他還問：「關鍵任務是什麼？」他原來的歷練全都集中在內政方面，現在他必須強迫自己，體認關鍵任務其實在美國以外，而非僅僅是新政所涵蓋的內政。杜魯門以填鴨的方式敦促自己進修國際事務，並備極艱辛地將課題鎖定在他所認為的關鍵任務上。

從某方面看來，今日的醫院制度是由一九三〇到四〇年代，一位備受忽略並遭遺忘的天主教醫院主管手中孕育出來的，她就是印第安納州愛文斯頓的傑思婷娜修女（Sister Justina），可說是首位潛心思考病人護理理念的人士。她的貢獻鮮為人知，更別提醫師對她的感謝了。傑思婷娜修女天生是個領袖。她性情相當內向害羞而寡言，又很在意自己只在愛爾蘭的鄉下小學受了一年的正規教育。不過，該做的事還是要做。這再一次顯示出領袖是如何打造出來：他們是自我鍛鍊而成的。

麥克阿瑟將軍是一位出類拔萃的人才，大概也是最後一位策略天才，不過這些還不算是他真正過人之處。他以公事為優先，創造出無可匹敵的團隊精神。麥克阿瑟非常自負，看不起周圍所有的人，因為他有把握沒有人比得上自己的聰明才智。儘管如此，每次開幕僚會議時，他總是沉住氣，規定由在場最低軍階的軍官開始做簡報，而且中途不准任何人打岔，這種作風對他建立起一支完全無懼於強敵的軍隊，起了不可思議的鼓舞作用。從他的書信中可以得知，對麥帥來說，上述的舉動絕非輕而易舉，他總是要再三按捺住自己才辦得到，這與他的本性不合，然而這就是關鍵任務，非得去做不可。

老華生（Tom Watson, Sr.）是ＩＢＭ的創始人。他本來是一個狂妄自私的人，不但目中無人，而且脾氣極壞，他強迫自己要建立求勝的團隊精神。有一次他開除了一位工程師，我認為這人很能幹，於是問他為什麼這麼做。他說：「他不願教育我。我本身並不是工程師，而是推銷員。但這是一家科技公司，如果他們不教我科技知識，我就沒法好好領導他們。」這種力求勝任工作的精神，造就了優秀的領袖。

當豪瑟（Ted Houser）在一九五〇年代接管施樂百時，該公司已連續二十年締造出傲人的銷售業績。豪瑟本身是一名採購策略家和統計師，常與數字為伍。他巡視了公司一圈，問道：「咱們要怎樣才能讓公司再保持二十五年於不墜？」他的結論是：需要經理人才。所以他勉強自己迅速而且低調地接掌施樂百百貨培訓經理人的相關事宜。公司上上下下的經理都知道，坐鎮在芝加哥的大老闆正密切注意他的一舉一動，看他是否盡到培植人才的責任。施樂百五〇年代後便了無創意，卻維持了二十五年甚至三十年的輝煌業績，一直到一九八〇年為止，都是因為擁有豐沛的人才。這就是豪瑟的建樹。

領袖的任務

領袖的重要任務之一便是在長程和短程目標，以及在大方向和細微末節之間取得平衡。經營非營利組織就像划一葉獨木舟，要靠兩個支槳的叉架保持平衡。領導者總是在群體的大方向和個人小我的需求間不停擺盪。我常常見到一些醫院忙於玩弄醫療數字遊戲，而忽略了抱著小嬰兒到急診室求助的母親，像這樣的失職倒還容易糾正，通常派人員到第一線工作數天、數星期，甚至一年，這些人員就能體會重點，就可以解決問題。相反的，危機則是讓一個人淪為日常工作的奴隸，這就比較難避免出問題了。有效能的主管會利用工作關係或其他組織來推動自己的工作。美國國內一個主要的社區服務機構是童子軍總會，該會的總負責人非常能幹，她刻意同時參與三個董事會，其中只有一個屬於社區服務組織。此外她還在市政府的顧問委員會中擔任一角。經由這種做法，她可以從不同的角度來思考組織所面對的問題，非常有用。

我也見過另一個較小的案例。一位異常傑出的主任牧師曾與我共事多年，他同時在全美主任牧師協會中任職。我對他說：「保羅，你已經夠忙的了，為什麼還要多加一項責任？」他說：「我平時陷在日常瑣事太深，所以每一個月都要去提升一下自己的視野。」這倒也不失為有效之道。

我可以說，管理非營利事業時，常常會遇到平衡觀點的問題。上述的例子只是其中一項。另一個是，將資源集中於同一目標和多樣化分配之間的平衡，應如何掌握，我認為這更難對付。選擇集中資源的話，往往可以全力一搏，獲得最大成效，可是風險相對也會提高。如果集中的方向錯誤，用軍事術語來說，就是你的側翼完全洞開，給敵人可乘之機。此外也沒有餘地供你施展想像力，享受其中的樂趣。你需要樂趣，這樣才能有變化。尤其別忘了，單一的任務終有過時的一天，而多樣化卻可以很輕易地由小苗長成大樹，日益茁壯。

更困難、甚至最難做到的平衡，是在過度謹慎和莽撞行事之間拿捏分寸。最後則有時機的問題，這一向是不可或缺。我們都聽過揠苗助長及遲疑觀望、不肯收割作物的故事，這些都頗有亞里士多德審慎的哲理在內，指的正是要找到恰當的中庸之道。

對付不夠沉著的人其實不難。我就是這樣一個人。而我教育自己，如果我希望在三個月內見到成果，通常都再往下修正到五個月。不過也有人會把三個月就能辦好的事拖成三年那麼長，這就很難改善了。在亞里士多德的方法中，首要規則就是「知己」，多多了解自己的弱點。

在我見過的機構中，有更多的傷害是源自於過度謹慎膽小，而非躁進。也許因為自己在管理時往往過於謹慎，我特別意識到這一類問題。該冒險時我遲疑，在財務方面特別如此。另一方面我也見識到，五〇年代的匹茲堡大學如何差點被一個才氣橫溢的人毀於一旦；當時他企圖在三年之內就將一所水準不錯的大學，改頭換面成世界級的研究機構。他以為有錢就萬事亨通，沒想到這麼做差點毀了整個學校，直到今天仍未完全恢復元氣。同樣的事情也發生在一家博物館和一個交響樂團裡。所以，切記平衡的意義。我唯一能給予的忠告就是要深知自己的弱點，並盡力克服。

還有就是在機會和風險之間取得平衡的決定。這時你該問自己：這決策做下去，有沒有回頭路可走？如果有，就可以承受更大的風險。我只能說，在非營利事業中，你時時刻刻都得注意風險對財務的影響會不會過高。你注視著某個決策，問：有沒有回頭路？是什麼樣的風險？然後再問：我們扛不扛得起？如果出了差錯，是只會造成皮肉之傷呢？還是會倒地不起？最險惡的一種狀況是無可選擇的風險，最近我就有所親身經歷；我所參與的一家博物館董事會，想要收購一批價值非凡、超乎館方現有水準的收藏。我說：「管他什麼風險，先買了再說，我們只有這個機會了。有了它才能躋身世界一流的博物館，我們總有辦法籌到錢。」受薪也好，義務也好，身為非營利組織的領袖，就有責任做好決策的平衡。

領袖的戒律

最後，領袖有一些該注意、不能犯的事項。太多領袖都自信滿滿地認為，組織上下一定都很清楚他們在做些什麼事和其中的理由。那他們可就大錯特錯了。也有太多人以為，向大家宣布事情時，眾人一定都聽得懂。其實沒聽懂才是常態。問題在於：決策通過前，通常由於時間緊迫，不可能宣告周知、聽任大家討論，並廣納建言。高效能的領袖必須在短時間內貫徹命令，他們會接見員工，然後表示：「這是我們目前所面臨的問題，包括我們可做的一些選擇。」然後再問：「你們有什麼看法？」不然的話，整個組織會說：「這群高高在上的笨傢伙懂不懂啊？到底發生了什麼事？他們怎麼沒想到要這樣做或那樣做？」如果你能說：「有啊，我們都已經考慮過了，但我們還是決定要這麼做。」別人就會了解，並且照著去辦。他們可能會說，換做是我就不會這麼做，但是最低限度他們知道決策者並沒有亂搞。

第二條戒律：不要害怕組織裡有人比你更行。這是主管最容易犯的毛病。沒錯，聰明的人通常野心勃勃，但是能幹的屬下取你而代之的風險，反而要比被一群平庸的屬下前呼後擁來得低。最後，不要獨自挑選接班人。我們都免不了會看中一些人，認為很像二十年前年輕時候的自己。首先，你必須察覺這完全是妄想；其次，你選出自己的複本，但複本往往是脆弱的。軍方機構和天主教會都遵奉一項傳之已久的戒律，規定領袖人物不得自行選擇接班人。領袖的意見可以供作參考，可是不得成為決策。我見過許多企業界、甚至更多非營利組織的能者，都把領袖的寶座讓給坐第二把交椅的人。該繼承人當然也相當出色——只不過要靠人指點才能成事。這是行不通的。在人情世俗各占一半原因的狀況之下，許多第二號人物接掌了大任，卻使得整個組織受罪。我最後一次看到這種事，是在一家世界一流規模的社區基金機構裡。繼任的二號人物與前任極為相似，幸好他在上任不過一年之後，就領悟到自己其實並不屬於這個位置，而且做得很不快樂，所以他在自己或機構受害之前就毅然辭職引退。不過這算是個例外。

最後我要定下的戒律為：切勿邀功，也不要壓榨屬下。有一位非常能幹的人就常做這類事情，他在一家非營利組織擔任最具挑戰性的職位，可是他的舊屬現在都堅決不肯再為他工作，因為他的眼中永遠只看得見別人的毛病，他從不提拔也絕不稱讚屬下。請記住，一位領袖對屬下其實有莫大的責任。

這些就是該敬而遠之的戒律。

至於最該做的事，其實我已經重複了一遍又一遍：把注意力放在職責上，而不要放在你自己身上。職責事關重大，個人，不過是個僕人罷了。

3 設定新目標

訪問美國女童軍總會總裁海瑟貝恩❶

非營利事業如果只注意諸多顧客群中的一群，而不能隨社會變遷更換目標顧客群，則將必敗無疑。

杜拉克（以下簡稱杜）：海瑟貝恩女士，在擔任美國女童軍總會總裁的十三年中，你曾推行一些非常成功的新計畫到全國三百三十五個女童軍分會，其中有哪些是你最感到得意的活動？

海瑟貝恩（以下簡稱海）：我會說是小菊花童軍（Daisy Souts）。這是我們最新的專案，針對五歲或開始上幼稚園的小女孩。我們與各地的女童軍分會一起合作，仔細研究了小女孩的需求和美國家庭的各種面貌，得到的結論是，五歲的小女孩其實已

❶ 海瑟貝恩（Frances Hesselbein），於一九七六到九〇年間擔任美國女童軍總會總裁。

經有能力在兩名體貼、細心的小隊長帶領下參與小組活動，而且今天國內八五％的五歲兒童都在上半天或全天學校。

杜：這對女童軍的傳統而言，可是個很大的轉變呢，是不是？

海：是呀。以前我們所招收的女孩是從七歲到十七歲，現在我們把幼女童軍的最低年限從七歲降到了六歲，就是因為研究結果清楚地顯示，六歲小女孩已有能力參與活動。同樣的，現在發現五歲的女童也可以加入特別為她們設計的活動。

杜：各地的分會是不是都對這樣的轉變很興奮？

海：當時三百三十五個分會中，我看只有七十個感興趣，打算立即加入行動，其他還有三十個分會持正面態度。但等到活動開始，共有三分之一分會正式加入參與。

杜：你們不能強制規定各分會的行動，是不是？

海：這些分會都是經過特准加入的，每個分會設有志願性質的理事會，各自為他們地區的女孩服務。就這個新計畫而言，可以說它們有選擇跟隨總會，或按兵不動、靜觀其變的餘地。

杜：保守來說，好多分會都感到懷疑，我這麼說對不對？

海：對呀，不過等我們小菊花童軍的訓練人員及領隊的培訓專案籌備妥當後，將近有兩百個女童軍分會也做好了心理準備，並急著開門歡迎新會員。

杜：從七十個擴充到兩百個分會，一共花了多少時間？

海：差不多六個月。在一年之內，小菊花計畫已變成本會最成功的一項活動，三年之後，小菊花女童軍已遍布全國各地。各協會還發現有許多年輕和年長的女性，雖然不習慣面對青少年，卻很喜歡以及能夠和五歲左右的小女孩打交道，可以選拔出來擔任小菊花童軍的領隊。

杜：現在你們有多少名小菊花童軍？

海：差不多十五萬人，而且還在急速增加中。

杜：讓我複述一下你剛才所說的話。第一，貴會屬於市場導向，對外必須多方了解各地社區的需求和興趣，結果發現它們比七十五年前貴會剛創始時改變了很多，因此你們發展出一套配合市場需求的服務。接著，新的使命驅使你們去推銷、說服以及創造出新的客戶群，因為各地的分會並沒有義務要聽命位於紐約的總部。我想，另一項你給大家的建議就是：想要改革，一定要找到我稱之為機會目標群的人士，就是那些對此感到興趣而且準備好響應行動的分會。你倒不擔心那些心存疑惑的分會。

海：我們首先發動的是準備周全而且興致勃勃的分會，暫時不管那些袖手旁觀的分會。我們明白地表示，大家都有選擇的餘地，可是我們也堅決要與準備周全且熱心的分會繼續合作。

杜：那些有興趣但不見得有能力加入的，怎麼辦？

海：每一個想參加的分會都必須先接受訓練員和領導人的訓練。我們絕不會讓男女工作人員在還沒受過必需的教育訓練情況下，就貿然上陣開始行動。

杜：你剛剛提出的見解非常寶貴重要。我就看過太多一流的非營利服務因為這項疏忽而一敗塗地，那些主管事先並未確定當事者是不是受過訓練、知不知道該做些什麼事，同時是否有工具去展開行動。你們總會有沒有為各分會提供一些工具、以招攬新的志工來推動這項專案。

海：有的。我們為小菊花童軍的領導人製作了一本很棒的手冊。我們也很清楚地規定一個小組要有六到八名童軍和至少兩名隊長。這個計畫必須含有教育意義，而且我們一直強調要以最寬闊的胸襟來吸收各式各樣的領隊，除了小孩的媽媽之外，年輕的企業界及專業女性都應該列入考慮。另一種值得延攬的對象是中老年紀、已屆退休年齡、有閒有心而且想要付出的女性。我認為，經由這種做法所產生的成效及歸屬感，是建立龐大志工團體的必要因素。

杜：所以你思索如何吸引志工所花的時間，和花在計畫本身的時間是不相上下？

海：對。不單是招募及分配志工的工作，還有針對各類人才而設計的特殊訓練班，讓她們在帶領菊花小隊時，可以感到很踏實。

杜：這樣要訓練多久？

海：因人而定。與準領隊一起工作的行政人員和志工，都非常注意受訓者的準備狀況。訓練的設計是因人而異的。

杜：讓我們來討論你另一項很成功的計畫。在現今的年代，貴會的傳統志工雖然還不至於完全消失，可是因為有更多家庭主婦出外工作，因此人力確實變得極度短缺。但在這種情況之下，貴會還是想辦法擴充了志工的規模。

海：我們調查了眾多男女志工的組成特徵，覺得他們有權利、也應該得到更好的學習機會。你還記不記得，我們曾經讓女童軍總會的志工職總幹事，飛到加州去參加你主講的非營利事業研討會。在東岸我們請了一批哈佛商學院的教授，為女童軍的高級主管上了類似的課程。這些課程的品質讓志工們感受到組織是多麼需要、而且看重他們，以及他們尚待激發的潛力和貢獻。

杜：最初是怎麼吸引他們加入的？

海：你可不能穩穩地坐在紐約總部內招募志工，得要透過分布各地社區那些真心認同我們的使命、關心小女孩，而且到處去和潛在志工直接溝通的人士。我們三百三十五個分會在這方面都做得極為出色。

杜：讓我試試看把這些做法轉化成一般通用的想法、概念和準則。你把志工看做是最重要的市場所在，因為志工數目的多寡決定了你能為多少女童軍服務。接著你們努力不懈、持續地尋求適當的人選。找到後你們會善待加入的志工，視他們為組織中不受薪的員工，而不僅僅是志工而已。組織為他們規畫工作內容、設立績效水準、提供訓練，並提升他們的視野。

在我的經驗中，上述這種讓志工享受工作本身而非薪酬所帶來的成就感，就是紓解許多非營利組織在面臨行銷困境時的祕訣。

海：你還忘了一點：賞識心。重要的是有人會對你說：「非常謝謝你偉大的貢獻。」這也是表示支持和關心志工團體很重要的一部分。

杜：我覺得，貴會一向要比任何其他的社區服務組織更懂得如何在少數族裔的社區內推動計畫，上述的方法和道理在這些社區裡是否也行得通？

海：總會和分會一向共同秉持的首要宗旨，就是要讓美國所有的女孩都有均等的機會成為童子軍。所以我們一定要與各種族裔背景的女孩接觸，才能了解她們的特殊需求、文化背景及興趣。領導人才一定要從社區裡面去挖掘，不管這是個越南新移民社區，還是個歷史較悠久、發展完備的非洲裔社區。

杜：你剛上任的時候，少數族裔的會員數目還很少，是不是？

海：真的很少。其中的轉變來自每日一點一滴的努力。如果你為一個少數民族社區策畫一場特別的活動，大肆招攬一批志工，然後就走了，這樣是不夠的。你需要做最精密的策畫，而且要有社區領袖的共同參與。

杜：那麼，請舉一個例子。

海：在國民住宅中，有數以百計的女孩非常需要這類活動，她們的家長也希望能提供一些較有意義的事物給小孩。我們和社區牧師合作，有時還包括國民住宅計畫的總監及家長，總之是一大群社區人士。我們招募童軍領隊，並且就地培訓。在招募手冊中，我們必須明確表示對這個社區的尊重和興趣，要讓家長了解，這對他們的女兒將是一種十分正面的經驗。

杜：你如何決定要打進哪一類型的社區？

海：我們研究了一些推估預測的數字，發現到西元兩千年時，少數族裔將占美國國內三分之一的人口。因此我們十分看好拓展新服務的機會。首先我們得仔細了解，對各地的女童軍分會而言，目睹分區內不斷轉變的種族和文化族群，這樣的預測到底有些什麼意義。為了迎頭趕上二十一世紀，我們籌辦了一家全國性的改革中心。首先我們派駐一群優秀的人員到急速變遷中的南加州，與當地分會攜手合作，針對如何接觸分會區內所有的女孩以及如何真的提供均等機會這兩方面，發展出一些可供利用的模式。而後者對我們的發展尤其重要。

杜：這七家加入研究的分會囊括了三〇%的少數族裔人口，對不對？事實上，你們這麼做就是在發掘機會目標群。它們（指分會）知道自己需要協助，而總會也可以向各地提供該有的成果。如果在當地行得通，在任何地方也該行得通。

海：總會選擇了加州，因為在我們觀察中，加州有帶頭作用。當地發展出來的模式，足可讓其他面對不同族裔的分會應用。光靠理論是不夠的。

早在一九一二年，我們的創始人就說過：「我要給所有的女孩一樣禮物。」我們非常重視這句話的涵義。很多人都對未來感到不安，也不知道這種新的種族文化結構會對國內帶來什麼樣的影響。我們倒是覺得，這實在是一個前所未有的好機會，讓我們可以透過一項有助於女孩成長經驗的計畫，去接觸到她們。

杜：對非營利組織而言，面對一種以上的客戶是不是很普遍的現象？就像你們，既有女童軍又有志工？

海：我想這是個很典型的現象。非營利事業很少只面對「一位」客戶，如果我們只注意諸多客戶群中的一群，我想我們必敗無疑。

杜：可否請你對於推動新計畫做一個整體的結論？

海：你一定要很小心地制定行銷計畫。除了傳遞有關的訊息，還要摸清接觸群眾的訣竅，並善加運用。只靠散發書面資料並不夠，還要有人運作行銷鏈才行。另外要持續不斷地追蹤評估，聽取各方反應。如果計畫行不通，就要繞道他行，重新來過。

4 領袖的債務

訪問胡普學院董事長德皮利❷

我們應該習慣於將領袖視為組織的僕人。他們要體認自己與組織有共同的債務。領袖還債，就是要幫助顧客、案主、擁護者和追隨者了解自己的潛力，並體認自己參與組織工作的目的。

杜：德皮利先生，你在你自己的公司以及擔任董事的機構中，都以善於培養人才聞名。其中有什麼特別的事是你想強調的？

德皮利（以下簡稱德）：我想從自己的一個很個人的信念講起。我相信每一個人都是按著上帝的形象創造的，我們的生命充滿了多彩多姿的獻禮。這樣說來，我認為領導者應當自認受人恩惠良多。領袖一職是眾人選擇你、並願意追隨你而賜給你的贈

❷ 德皮利（Max De Pree），赫曼米勒公司（Herman Miller, Inc.）和胡普（Hope）學院董事長，以及富樂神學院（Fuller Theological Seminary）董事，同時也是《領導是一種藝術》（*Leadership is an Art*）一書的作者。

禮，而美國基本上是一個志工國度；我想其中的意義就在於，眾人在選擇領袖時，大部分是基於他們自己認為這位領袖能幫助他們達到生命的目標。所以領袖都處於虧欠眾人的狀態，換句話說，對組織要有所回饋。

一個更直接的說法，就是領袖欠組織某些特定的債務。在某些組織中，這可能是尋找合適人手的能力；另一項重要的債務是籌募必要的資金。還有一項屬於不是那麼明顯的領域，我想將它歸入「留芳百世」的大標題之下，叫做「組織的價值」。領袖本身不見得要自創價值觀，卻有責任向眾人表達、解釋和確保他們會應用在實際的決策裡。願景也居於「留芳百世」之下；集體決策的過程也在其下。如果領袖說：「你來這個組織工作，我可以向你保證我們會讓大家參與決策過程。」那麼他們便有責任要那麼做，這也是一種虧欠。至少對我來說，有一樣因素很重要，那就是共識。不管是營利還是非營利事業，人力發展這整件事應該以「人」為主體導向，而不是組織。

杜：你建立的是人，而不是工作，你的意思是不是這樣？

德：對，而且我還想說，當組織冒著風險去做人力發展時，勝算通常很高，連帶也使得組織受惠，達到想要的目標。

杜：可是我覺得，你也同時在暗示，我們只能激發一個人已經擁有的潛力，而不是他所沒有的，對不對？

德：正是如此。這裡討論的是因材施教，了解才華之所在，觀察潛力在哪裡，而不是想要改造他們。我們在組織裡常常強調要達到目標，可是一旦涉及個人發展，其目的就更為崇高了，因為我們的重點是激發個人的潛力。

這種對於人力發展的態度，我認為也適用於組織的發展。如果把焦點都集中在達成目標，就會失去充分發揮自己潛力的機會。目標的達成是年度事件，只與年度計畫有關，但全面運用自己的潛力，卻是生命大事。

杜：你注意的其實是不是這兩回事：一方面你注重這些人的才華、潛力、優點，還有只要他們更努力應用天分潛力就可以達到的境界；另一方面，你也不忘客觀的需求、客觀的條件和成功的機會。你是否經常要內外兼顧？

德：我們必須了解一併看待「個人潛力」和「潛力發揮」這兩件事。個人自有個人的職責，而這個責任要配合組織的需求而定。

杜：難道你不需要業績以求成長嗎？

德：當然要。不過我認為有許多事情該讓領袖負起部分責任，這正好是其中之一。我認為領袖要懂得分派機會，也要分派可行的工作。我不贊成領袖分派不可能的工作給不適當的人員。

杜：這樣說來，領袖先從了解某個人的才能開始，然後再嘗試安排他恰當的職務，使他發揮所長。

德：對，不過當我們講到責任和達成任務時，也別忘了還要完全充分授權，讓屬下有機會去發掘自我潛力，負擔起責任，並達成任務。我不認為組織在取得這種認知之前，可以達成原定的目標。我認為，領袖比個人有更多的責任去建立這種整合。跟隨者也有權期待領導者這麼做。

杜：你在前面曾指出，領袖的首要任務是集結一批追隨者。其實領袖的定義且唯一的定義就是擁有追隨者。這要靠什麼才能做到？明確的使命？還是清楚的願景？

德：領袖一定要有願景。做領袖的人常要放眼未來，這是很自然的事。不過現在我要談的，是和願景的意思不盡相同的事情。更明確地討論領袖的職責，我相信首要之責反而是清楚界定什麼是現實處境。每一個組織為了要保持活力和自我更新生存下去，就要切實了解真實狀況。

杜：你要如何為一家擁有兩千五百名學生的人文學院去界定它的現實處境？

德：舉例來說，實際處境就是，這所學校要靠學費來生存。如果你領會不到這層意義，就拿捏不準應該花多少力氣在爭取學生這件事情上。所以，領袖一定要能透視並界定清楚什麼是組織的現實處境。

杜：先前你曾提及一些非常重要的事情，我認為只有極少數的非營利組織人士才能理解。大多數人都認為自己一定要找個工作才行。在一百年前這種情況或許正確，可是今天我們有各式各樣的方式來養活自己，我相信你稱它為選擇權。我們虧欠員工，這就是你所說的負債吧。別人為我們工作，我們就得具備讓他無怨無悔地奉獻的價值，因為他們並不是迫不得已，而是經過選擇之後，才決定投入的。

德：人們有很多選擇：去哪裡工作、做什麼樣的工作，中途轉行也有許多選擇的空間。我們的上一代一旦選定了一份工作，通常會以此終老。現代就不同了。

杜：我想這些都要編進人力發展計畫中。

德：是的。而且我認為它與領袖所能許下的承諾息息相關。承諾基本上指的就是整個機會的問題。很明顯的，我們今天在工作生涯中所尋找的事物就是機會。

杜：什麼樣的機會？

德：為了自我實現；為了要投入一個吸引人而且有收穫的社會群體之中；為了有機會發揮自己的潛力；為了有機會投身在某些有意義的活動之中。除非我們考慮到諸如希望工作充滿意義、並激發自己建立良好社會關係的潛能等這樣的需求，否則就無法發展出與生命息息相關的機構。

杜：我們除了嘆息現代年輕人變得比較懶惰、而且以自我為中心之外，我想也要問：他們具備的是什麼？年輕人有一股驚人的欲望想要貢獻自己。也許他們太過急功近利。那我們要怎麼樣利用他們的才能，讓他們有歸屬感呢？非營利組織可以發揮什麼作用，讓年輕人自我鍛鍊呢？

德：這個問題很難回答。我情願對一個人要求過嚴而不是過鬆。

杜：也情願流失率很大？

德：對。但由組織的角度來看，流失率並不一定是致命的。在組織中，有些事得從較有善意的角度去看。錯誤不會致命，錯誤是教育的一部分，其中當然免不了會有例外。當我們嚴格要求時，這個人極可能會做得更好，他的整體能力也會更上一層。

杜：我會說要有兩個條件。對於願意嘗試的人，我可以給他第二次甚至第三次機會，可是對不肯嘗試的人，我就絕對不浪費自己的精力。此外，如果你打算給生手這麼多的工作及要求，還有這麼多的責任，同時就該派一位老手加以指導——我完全贊成這樣做。要不是我頭兩個主管讓我做得像狗一樣，我就學不到任何本事；他們一點也不馬虎，而且要求奇高，該罰就罰，可是他們會聽我說。他們吝於讚美，卻勤於傾聽。我真不知因此受惠多少。我認為人需要被賦予多一點的責任，特別是新手，但身旁同時也該有個良師。你的看法如何？

德：在我的經驗中，發展正式的導師計畫絕不是件容易的事。在某一方面，導師制度要靠緣分和人與人之間的化學作用。人們自己會建立關係，也就是一方願意幫助另一方，另一方願意接受幫助。我覺得最好的方式就是在水到渠成時再加以鼓勵，而不要強制規定。

杜：注意那些幫助別人、賞識別人、讚美別人的人，通常他們都不是那麼鋒芒畢露、明顯耀眼。

德：對。

杜：要把這種做法當成是組織的一項關鍵功能嗎？

德：對。而且對於屬下為組織所立建的功勞，領袖最好要讓他們明白領袖對此的感覺。這是不能忽略的。

杜：你一直提到有關「特定的一位」領袖，你在自己的公司裡卻以善於建立強有力的團隊工作著稱，另外在擔任董事的機構裡也再三強調團隊精神。這麼講來，該怎麼建立團隊？特別是有些非營利組織中，要任用許多專業人士擔任受薪或志願的工作，同時另外又有一個投票選出的董事會。這些人齊聚一堂，就是為了一個共同的宗旨和對未來的展望。

德：我認為首項要素就是了解任務的性質：什麼是該做的工作？

杜：關鍵性的活動？

德：就是團隊該有的關鍵性活動。第二項就是要挑選恰當的人，這個風險可就高了。挑人的時候，必須了解我們正在適度地調整工作分派狀況，然後透過大量的互動，明確地分派工作。我們要批准工作完成的流程、時間表和評估標準。這一切看起來十分傳統、平淡無奇，但都是苦工。

還有一項用來判斷「領導統御」的要素，我稱它為「團體風格」，而不是領袖個人的魅力或是企業、老闆、職工的公關活動等等。團隊的應變能力如何？衝突發生時應付得當與否？有沒有辦法應付支持者或客戶的各種需求？這一切才是你判斷領導素質的途徑。

杜：你會在所謂的「團體風格」中，納入「萬一領袖他去，該怎麼辦」這樣的問題嗎？

德：繼承問題是「領導統御」中重要的一環。

杜：讓我總結這次談話，整理一下。

我們習慣將領袖視為組織的僕人。你也是這麼強調，不過你還強調了一些對我們而言很新鮮的觀念，就是領袖的「債務」。領袖從一開始就要體認自己和組織有共同的債務；他們對顧客和擁護者有所虧欠，必須知所感恩，不管這些人是教區居民、病人還是學生。他們對追隨者也有債務，不管是教員、職工或志工。而他們應該付出的就是要幫助別人了解及充分發揮他們的潛力，體認並達成自己參與組織工作的目的。

5 行動綱要

非營利或服務性組織的參與者愈來愈多。他們將支薪或不支薪的工作人員都視為有所作為的領導者。在這裡，每個人都協力提升所屬組織的願景、能力和表現。

今天我們常聽到有關「領導統御」的言論，也該是時候了。不過老實說，使命該是最優先的。非營利組織就是為了完成使命而存在，為了改變社會和個人的生活而存在，因此使命不可稍有或忘。領袖的首要任務就是確定大家都理解、聽見並實踐這項使命。如果你看不清使命，就會滯礙難行，而且窘相立現。即使如此，使命需要考慮周詳，也該加以變通。

組織存在的基本理由可能恆久不變。只要有人類，我們就都是活在苦難中的罪人；只要有人類，世界上就會有生病的人需要照顧。社會不管多麼進步，總是會有酗酒的人、染上毒癮的人、需要救世軍協助重生的人。而兒童需要學習知識，男女孩在成長的時候，將會需要童子軍及類似的經驗以塑造自己的人格、提供模範榜樣、指引他們該走的方向並好好地走下去，學一點寶貴的知識。

設定長程目標

由於人口結構的變動，我們應該拋開成效不彰的任務以免浪費資源，而當我們已完成既定階段性的目標，就應該再三地檢驗本身的使命，考慮是否該轉移焦點。有一個很好的例子，就是面臨危機的學校，目前，我們已經完成了讓每個兒童都能上學並繼續求學的初衷，現在校方必須坐下來靜心思考大眾對於學校的期望是什麼。在許多方面，這種期望與經歷過教育不普及、九〇%的小孩均無接受教育機會的舊時代校長們所奮鬥的方向，是迥然有異的。所以，思考該由外而內，先從外界的大環境著手。由內向外去尋找恰當定位的做法，會讓組織油盡燈枯。尤有甚者，這樣一來組織會把焦點集中在過去，而使諸事停滯不前。組織應該向外尋找機會和需求。

同時，使命是長遠的目標。當然，使命也需要短程的衝刺和成果來加以支援，然而起跑時莫不以長程目標為出發點。十七世紀的名詩人兼宗教哲學家鄧約翰（John Donne）曾經有一段很精彩的講道詞：「攀登永生之門不能等待明日才開始，而碎步者也總是登不了永生之境。」因此我們要從長程目標放眼望去，然後再回頭問：今天我們該做什麼？

「執行」是關鍵字眼。這就是美國式計畫和日本式計畫經常為人所忽略的差異。倒不是日本人更善於計畫，而是因為他們從一開始就問：十年後我們會在哪裡？美國人則問：這一季的最低底線是什麼？其實，日本人的底線經常要比美國人高，這和大多數美國人的想法剛好相反，就是因為日商由長程著手，再回頭向近處看的緣故。這也與美國那些保持經營活力的企業一樣，這些長線經營的企業有頗多成就輝煌的，像貝爾電話系統已成立了五、六十年，施樂百百貨有六十年了，通用汽車則一直屹立至今。它們都從一個再清楚不過的長程觀念起家。施樂百百貨說：我們的企業要為美國家庭擔任消息靈通而盡責的採購者，然後他們再回頭過來計畫細節，可能就此做出極為短期的行動。像是在第二次世界大戰後，軍人紛紛打道回府，結婚成家，此時施樂百立即進軍珠寶行業。可是切記，眼光首先要放得遠，這點對非營利組織尤然，就是因為它們不設短期的底線，並以服務人群為己任。

但行動總是屬於短期範圍。因此就要常問：這一步行動是否正帶領著我們邁向基本的長程目標？還是將誤入歧途？還是蒙蔽了整個願景？這是第一個問題。

另一方面，也該以成果為重。我們要問：付出的心血有沒有得到相對的收穫？投注的方向是否最恰當？當然了，需求是一個很好的理由，但並不足夠，還是得拿出具體的成效。這樣我們才能指著它說：心血總算沒有白費。因此審核計畫和專案時要常問：這麼做會有想要的效果嗎？領袖的職責就是確保把該做的事全做對了，該有的成果也完成了。

領袖的職責是「實際去做」

領袖有責任做好資源的分配，仰賴志工和贊助者支持的機構特別如此。「領導統御」在於對成果負責，常常要自我反省：我有沒有盡責照顧好託付在手的資源，例如人才和錢財？領導統御之道就是「實際去做」，不只是夸夸其言，不只是個人魅力，更不是演戲，而是去做。「實際去做」的首要條件就是修正使命、調整焦點、加以建構和組織，功成後便瀟灑放手，還不忘隨時自省：以現有的經驗和知識，還會再投入同樣的工作嗎？我們還會把重點放在上面嗎？是投注更多的資源呢？還是暫停？任何使命都少不了這第一步行動。

上述所言也意謂著如何才能保持組織精簡與躍躍欲試的創新能力。醫學有一項古老的論調，認為身體要排掉廢物才能更新。這就構成了行動的第一項條件：不斷養精蓄銳，不斷重新對焦，從不自滿。這要在事業順遂之際就實行，等到開始走下坡時可就辛苦了。要拯救在衰退中的機構並不是不可能，可是預防總比治療事半功倍。

接下來的要務是想清楚所有的優先順序。此事說來容易，做起來很難，因為總是涉及需要割捨看來極具吸引力、組織內外都有人大力推薦的事務。但如果你不凝聚資源，就不會獲得成果。這可能就是領導之道的終極考驗：全盤考慮優先順序，然後團結力量。

領導統御之道也在於樹立典範。為了組織，領導者總是站在亮處。有一天他步出辦公室，很可能只是個無名小卒，但是身在組織時，他／她就成了眾目睽睽的人物，這不但適用於小團體或小公司，大型跨國企業和非營利組織亦然。領導者是學習的榜樣，所以勢必謹言慎行，不能辜負眾人對自己的期望。就算組織裡的其他人未能起而效尤，領導者代表的也不光是現實，更重要的是理想。

你我都是領導者

有一天等你真的成為領袖，不妨遵循一個很好的守則，先問自己：明天早上照鏡子的時候，看自己會覺得順眼嗎？鏡子裡的這種人可以做我上司嗎？如果你切實遵循這條守則，就可以避開許多足以摧毀領導者的錯誤，例如在講究私生活嚴謹的機構，隨意發展男女關係或做出監守自盜等愚蠢行為。也許你會說：這不過是個人問題，管他去呢。可是別忘了，領導者不是隱士，他代表著機構。現在你不妨再以領導者的觀點自問：我該怎樣建立組織內部的標準？我該如何助組織一臂之力，應付新挑戰、把握新機會並大事改革？我自己，而非組織，要做些什麼事？如果承接下做事的擔子，我個人認為最優先的事情是什麼？組織認為的又是什麼？是否恰當？這些都是採取行動的議題，而且一定要完成。

說到這裡，你可能會說，執行長才要煩惱這些事情，我不過是個志工罷了，每星期只要做三個小時的保母或為病人插插花就夠了。錯了，你我都是領導者。因為我們正在塑造一個公民社會，影響抱著舊觀念的人主動積極地參與工作，而不只是被動地投票或繳稅，這是很令人振奮的新氣象。這種積極參與的情形在企業界不易推行，所以他們要倡導所謂的參與式管理，但那還不是很實際，也還沒落實。推行全民參與的壓力或許是很大的，像美國這樣擁有兩億五千萬人口的大國，就算是一個小鎮也擁有五萬人左右，個別的公民實際能做的恐怕不多。即使在最小的村鎮裡，我們也沒辦法重演兩百年前新英格蘭地區（New England，指美國東北角的數州，像康乃狄克州、麻賽諸塞州等）的全鎮會議，當時的村鎮一般只有一百二十人左右。

上述的轉變倒是在非營利或具有服務性質的組織裡得到驗證。這機構內的參與者愈來愈多，因為他們一視同仁，將支薪或不支薪的工作人員都視為領導者。有一所教會只設有少數神職人員，卻起用一千名完全不支薪的非神職人員擔當重要的職務，這些人未來也絕對不會成為神職人員。在美國女童軍協會中，受薪職員與志工的比例是一比一百，但是做的工作都同等重要。我們正透過非營利組織來塑造明日社會的公民。屆時，每個人都是領導者，每個人都有責任，每個人都要做事，都要凝聚一己的力量。大家也將協力提升所屬組織的願景、能力和表現。由此觀之，使命與領導之道並不只是紙上談兵或唱高調而已，而是一種行動綱領，讓善意和理論落實為有效的行動。這些你我都做得到，而且不能不做。

不要等到明天，現在就要開始。

第二篇

從使命到成效

行銷、創新和基金發展的有效策略

6 化善意為成果

7 必勝的策略

8 界定市場

訪問行銷大師科特勒

9 建立穩固的支持群

訪問美國心臟協會資深副主席海夫納

10 行動綱要

6

化善意為成果

非營利組織也需要有行銷、人力資源和財源開發方面的策略，才能將使命和目標轉化成具體的表現。

非營利組織不僅要提供服務，還期許最終受惠者能有受必有施，成為一個坐言起行的人。透過施受的活動，非營利組織企圖為人類帶來改變。由此觀之，像學校這樣的機構與寶僑公司（Procter & Gamble）必定迥然不同。非營利組織創造的是習慣、願景、認同感和知識，它也期待自己不只是施予者，同時也是受惠者，否則就只能算是徒具善意，卻毫無建樹可言。

拿破崙說過打仗需要三個條件：第一是金錢，第二是金錢，第三還是金錢。這對打仗也許管用，但對非營利組織可就大謬不然了。這時你需要四件利器：計畫、行銷、人才和金錢。

在第一篇，我們已討論過計畫；人才在第四和第五篇會討論。在這一篇，將討論如何把計畫經由策略轉化為成果。我們該怎麼做才能把服務送達「顧客」手中，即非營利組織為之而存在、要服務的社區？我們該如何行銷？又怎樣籌募需要的資金？

服務也需要行銷

許多做得有聲有色的非營利組織都會忽視行銷。不過，正如十九世紀有個大騙子說過一句名言：「布魯克林大橋用賣的要比用送的容易多了。」免費贈品沒人敢要，就算你提供的服務對人類功德無量，也不能不做行銷。要注意的是，非營利組織所做的行銷活動與銷售行為截然不同，比較像了解你的市場。也許可稱之為市場調查。但你必須了解的是市場區隔以及接受者如何看待你提供的服務；你還得知道要賣什麼、賣給誰和何時去賣。雖然非營利界用到的許多行銷術語和工具與商界無分軒輊，其本質卻天南地北，因為非營利組織所推銷的是無形的東西，而你為你的客戶將這些無形的東西轉化為一種價值。例如，醫師是醫院的主要顧客群，但你並不需要向醫師推銷病人，換句話說，醫院所要推銷給醫師的不是病人所患的病，而是如何從旁協助他們做更有效的醫療措施。這一切都是一個抽象概念，而賣概念要比賣產品困難多了。

要把非營利組織經營得有聲有色，在設計服務時就必須將行銷工作納入考慮。這屬於高層管理的工夫，但就如同所有其他的領域一樣，你需要來自部屬、市場和研究調查的情報。一家大型的全國性組織，像美國防癌協會做的市調十分龐大精密，它會利用詳細的人口資料來輔助募款活動，或者透過醫師諮詢委員會，以便直接與醫師合作等等。從很多層面來說，醫師們就是防癌協會的第一個市場，美國防癌協會絕對不會先閉門造車，然後再去努力叫賣。

有效的行銷法則

美國人有一項獨特的發明叫「社區共同基金組織」（Community Chest），另一個常用的名稱是「聯合勸募機構」（United Way），它們興起的目的主要是因應市場的變遷。因為民眾已經疲於同時應付二十九個不同組織的募款活動，而且開始懷疑募款成本是否已膨脹到不可理喻，結果大部分的收益不是交遞到需要救援者手中，反而花在挨家挨戶按門鈴的募款活動上。聯合勸募機構的設計歷年來並沒有什麼改變，各地社區的企業老闆們就是它的募款代理人，但組織內的行銷要時時更新，適應不斷變化的商業人口。也要弄清楚該招攬哪些企業老闆和當地社團加入董事會，以利運作。該組織還必須掌握企業世界中隨時改變的聘雇結構，好組合出最打動人心的訴求。至於，不屑於這麼做或一味地以為可以依賴強制推銷的非營利組織，勢必將輸人一籌。

順帶一提，在為非營利組織設計服務和行銷時，一項要點就是：把全副精力集中在本身能力所及的事項上。假設你經營的是一家醫院，最好不要做力有未逮的事情。以神經科而言，你需要一定數量的病人，需要的是四、五十張病床，才能做出效果。如果你的醫院位於偏遠地區，是當地唯一的一家醫院，而且方圓一百哩之內沒有第二家，那麼你只好盡力而為。即使這樣，碰到神經科病患時，也許你還是得請直升機將病人送去最近的醫療中心；這不是開支問題，而是能力問題。一般人都聽過這樣的忠告：如果你要動心血管繞道手術，先要打聽清楚這家醫院一年是不是至少有做過兩、三百件以上的心血管繞道手術，否則就不要在那裡動手術。技術的訓練必須不斷重複練習，精益求精，大學教育也一樣。老實說，現在人文學院的一大通病就是以為自己無所不能，請記得：切勿將自己的有限資源遍灑在不會有收成的土地上，這也許是通向有效行銷的第一個守則。

第二條守則是：了解你的顧客群。對，我強調的是「顧客群」。如果你對顧客的定義是有權搖頭說「不」的人，那麼每個組織的顧客都不只一種。對肥皂製造商而言，他們的顧客是有權決定洗衣粉放在什麼貨架上的超市員工，以及要不要買你的貨品的家庭主婦。男女童子軍組織的顧客就更多樣化了，包括家長、小孩，還有志工，沒有他們，許多事情都做不了；還有學校老師，也得要「被行銷」，否則童子軍活動在學校容易受到排擠。

因此，為非營利組織的「服務」設計恰當的行銷策略，就是策略規畫中的第一步：非營利組織需要充實行銷知識，建立一個具有特殊目標和目的的行銷計畫。它也需要講究我所謂的行銷責任：認真對待自己的顧客。你不能說「我們都知道什麼對顧客才是好的」，而要想：他們的價值觀是什麼？該怎麼去打動他們？

從籌募基金到發展基金

非營利組織也需要擬定基金發展策略。資金的來源，可說是非營利組織和營利及政府機構的主要差別；企業機構可以賣東西賺錢，政府則從中抽稅，而非營利組織就靠贊助者捐錢了，贊助者大部分是來自無意圖利的善心人士。

顧名思義，非營利組織的資金來源一向困窘。大部分的主事者也同樣認為，只要能找到更多的金錢，一切問題都可就此解決，其中有些甚至差不多以募款為自己的使命。一些私立大專院校的校長就是很好的例子，他們卯足全力去籌錢，以至於沒有時間或精力再去領導教育。

這種陷在籌款泥淖中的非營利組織有很大的麻煩，還有角色認同的危機。籌款策略的目的是要讓非營利組織能順利實現自己的使命，而不是反將使命置於籌款之下。這就是為什麼非營利人士現在要將「籌募基金」改為「發展基金」了；籌募基金聽起來有如因需錢孔急，只好去托鉢化緣；而發展基金是在創造一批支持組織的同志，只因這個組織值得他們鼎力相助，這就是我所謂「藉施予而共享的會員制度」。

發展基金的第一類擁護者是組織本身的董事會。從經營非營利事業中我們了解到，舊式理事會那種只對組織表示同情而無行動的作風已經不夠，現在需要一個能夠主導籌款的理事會，其中的理事不但奉獻個人，也兼做籌款人，也就是基金發展人的角色。舉例來說，當一位理事聯絡到一位房地產承建商，然後向他表示：「我在醫院的理事會擔任理事。」對方的第一個反應是：「你自己捐出多少，約翰？」如果答案是五百美元，那麼約翰大概就能要到這個金額。

但你會希望在非營利組織擔任理事的人，能夠處理另一些和錢有關的事，就是要能監督計畫與資源間的平衡，那樣才能帶來一點安定感。教會、醫院和學校的經營者都必須是一些熱心人士，你不會希望找一些和組織唱反調的人來參與。雖是如此，還是要問一聲：「這就是我們在有限的資源和效能之間的最佳平衡點嗎？」

贊助者也需要教育

企業機構要靠自己的本事去賺錢，非營利組織的錢卻是捐助者的捐款，錢並不屬於私人，理事會負責看管錢，確保資源的應用與募款的目的相吻合。這也是非營利組織經營策略的一部分。

沒有多久以前，許多非營利組織在財政上都還能自給自足，它們通常只在特別的專案，像建蓋新科學館或擴充心臟科大樓時才需要外界的支援，但現在愈來愈多的非營利組織在日常運作方面也需要外界的支援。另一項使建立財務顯得愈形重要的理由是，巨額的捐贈愈來愈少，從前一個社區中的教會通常有兩、三個有錢人大力支持，現在早已時過境遷，這不僅僅是因為現今教會的支出比較浩繁，也因為巨富要比從前少多了。所以，非營利組織的主事者非得建立廣大的群眾基礎不可。

因此，你需要董事會中的成員願意以身作則，並且運用領導方法來協助建立群眾基礎。

當然了，突發狀況總會不時的發生，出現救急扶危的需要，並向大眾呼籲聲援，例如地震、飽受饑荒之苦的非洲兒童或難民船等，可是單靠感性訴求已愈來愈行不通了。我有位朋友負責一個舉足輕重的國際救援組織，他曾提到「善心疲乏」的現象，意思是世上的不幸事件實在太多了，大眾也愈來愈麻木淡然，不再輕易被感動。

從事基金發展的工作時要動之以情，但也別忘了要服之以理，同時還要試著建立與大眾間的持續關懷。非營利組織的經理人必須先界定付出心血後該有的成果，然後向贊助大眾報告，讓他們知道獲得成果。

非營利組織也應該教育眾多贊助者，使他們了解並接受現有的成果。最近非營利組織界最新的體會是：贊助者不見得要了解組織做事的真正用意。現在的贊助者已經變得愈來愈見多識廣，只靠單薄的說法，像是教育很有意義或健康很有意義，想打動他們的心是不可能的。他們會問：你在教育誰？教育他們的目的何在？

這把我們帶到建立擁護群的長遠策略上，也就是我目前任教的克拉蒙特學院（Claremont College）的創校策略。我至今已在那裡教學幾十年了。一九二〇年代，帕蒙諾大學（Pomona College）的校長看到一個趨勢：南加州人口和大專學院的學生人數都將快速成長，而且學校也將需要大量的資金，於是他開始實地開辦一些新公司，並經營了兩年之久，直到收支達到平衡。之後他與一位傑出校友聯絡，將公司全盤轉讓，還附贈了一萬美元（在當時可是一大筆錢）以應所需，並對校友表示：「這都是你的了，你來經營它，做得好的話，不要還錢。記得我們就好了。」這就是為什麼到了今天，帕蒙諾和整個克拉蒙特集團的基金都這麼充足的原因。校長長期建立了龐大、長期的支持群眾，他的成果雖然一直要到二十年後才顯現，回饋卻已是當年心血的千倍以上。我並不是在此呼籲其他人也該起而效法，但這就是建立起長遠支持者的一個典範；找那些記得你、不是單因為有人按門鈴才捐獻的人，他們會全力支持你的非營利組織，為的是成就自我、覺得有意義。這才是建立、發展基金的終極目標。

7 必勝的策略

能將想法轉化成具體結果的策略，對非營利組織而言尤其重要。一個真正好的策略，是以行動為導向，並且能精益求精。

有一句古老的諺語說：徒有善意不足以移山，要用推土機才行。在非營利組織的管理中，使命和計畫代表善意，策略就是推土機。策略能將想法轉化成具體的結果，對非營利組織而言尤其重要。聖奧古斯丁（St. Augustine）說：「人可以祈禱奇蹟出現，可是要腳踏實地的工作才有成績可言。」這樣說來，策略能引領你的努力走上正途，使善意化為行動，使忙亂調整為工作；策略還可以為你指點迷津，知道向何處尋找資源和人力。

我曾經很不欣賞「策略」這個名詞，覺得它的戰術意味太濃厚。不過現在我的想法已漸漸改變。之所以不喜歡，是由於在許多企業和非營利組織中，計畫只不過是一種益智練習，做好了就往書架上一巨冊一巨冊地排下去，再也沒有人碰它們。大家都得意洋洋，想著：我們做好計畫了。可是如果計畫不能實現，必定還是空的。換言之，策略應該是以行動為導向。如此說來，我唯有接受策略一詞，因為策略不是心想就可事成，策略靠的是埋頭苦幹實幹。

先聽一則有關必勝策略的故事，發生在美國羅得島州的布朗大學。二十年前，布朗大學算是名聲不錯的，被稱為「哈佛的小妹妹」。學校教授的素質非常高，但缺乏出類拔萃的特色。布朗做的事與別所大學沒什麼兩樣。後來新校長上任了，他問：「儘管我們北有哈佛，南有耶魯，而且方圓一小時的車程內，就有十二所一流的人文學院在虎視眈眈，我們要怎麼樣才能躋身第一等名校的行列？」他將注意力鎖定在兩件事情上。第一，全面對女生開放。布朗大學一直設有潘布瑞克（Pembroke）女子學院。全面開放意謂著所有的女性禁區都將解禁，像數學、自然科學、醫科和電腦，而且要開始招收在這些方面成績優秀的女性。第二，在經營方式上要建立與學生的親密感。校長對上述兩項目標都擬定了因應的策略。之後十年，布朗大學逐漸成為美國東岸高材生的志願學校之一。

這簡直就像教科書上的傑出行銷個案。首先，布朗大學的校長認清了市場趨勢：職業女性的出現和經過六〇年代的動盪氣氛後，學生普遍希望社會安定。接著他發展出特定的活動去接觸潛在顧客，然後全力以赴。

改善、改善、再改善

我們常常太過忽視精益求精的策略，這現象在美國尤其嚴重。我第一次到日本的時候，該國正像彗星般躍升於國際間，那時我就開始有上述的感想。當時我努力搜尋日本的創新策略，可是什麼也找不到，反而是改善的策略到處可見，不管是在大學、企業界或政府機關都一樣。日本人不談創新，他們問的是：我們要怎麼樣才能把事情做得更好？這可能只是一件平凡無奇的事情，像拖地板；也可能是一件重要的改變，譬如增添的新機器，不能隨意就塞進現有的組合中，而是該重新搭配組合，改變流程。焦點總是集中在改良產品、改良工作流程，還有做事和訓練方式的改良上，要做到這樣，你必須具備延續長期的策略。

要想有系統地改善一家機構的生產力，必須對每項生產要素擬定相應的策略。第一項要素永遠是人；重點不在於要工作得更賣力，這點我們老早就學會了，問題是力要用對地方，聰明地工作才算數，更有甚者，是要把人放對位置，讓員工適得其所，才能產生好結果。第二項普世通用的要素是錢；要怎樣從有限的資源得到更多的成果？第三項要素則是時間。

一個人需要設定生產目標，而且要定高一些。每當我坐下來與別人討論生產目標時，他們總是說：「你太苛求了。」我有一個老朋友名叫克拉克，他任教於紐約市立大學心理系，是位不同凡響的非裔人士。他讓我體認到，一個人一定要將目標訂得比實際想達成的高兩倍，因為成果總是會縮減一半。這聽起來有點諷刺，但頗有些道理存在，所以就訂高一點吧！目標當然不能高得離譜，但總要高得足以讓大家說：我們可要拚命一番了。

持續不斷的改善也包括剔除沒用、已經行不通的事物，包括改革創新的目標。以3M為例，該公司每年都推出兩百種新產品。起初他們宣布未來十年內要推出的產品中有八〇％都是我們聞所未聞的，接著他們就開始努力用功、用功、再用功。幾乎所有人類使用的東西最後都免不了會被換掉，所以總要時時汰舊換新。你不妨自問：我們的創新策略是什麼？我們有哪些方面需要全盤更新？還是大刀闊斧地改良現有的一切？訂好目標，然後徹底執行。

目標放在最終極顧客身上

對非營利組織的主管而言，目標就沒有那麼明顯。舉例來說，你要如何評斷一家精神病院的策略是否具有效能？是否比去年的策略更有效能？

首先，你需要定義什麼叫「更好」。我知道有一家大型精神病診療所能在一項極難評估績效的領域中做得成績斐然，就是在妄想症方面。診療所的主管是我的老朋友，我曾對他說：「治療妄想症的病人一定很沒有成就感。面對憂鬱症病患，我們已有良方；大部分的精神分裂症病患，我們也幫得上忙。可是面對妄想症病患，效果實在很有限。」他回答：「彼得，你錯了。我們有一個簡單的目標：我們知道治不好這種病，不過倒可以幫助妄想症者了解自己有病。這就跨出了不起的一大步。病人會知道有病的是自己，不是別人或世界生病，他們沒有因此而痊癒，但還能繼續生活。」

這是一個不可量化的「素質式」目標。你可以設定像這樣無法用數字去衡量、但可以評估和判斷的目標。

在一所優秀的研究中心，工作人員無法事先量化他們的研究成果，卻可以每三年開個會，然後問：過去三年間，我們做了些什麼有益人群的貢獻？我們又計畫未來會做出些什麼樣的貢獻？這些都是定性的評估，而且和量化的評估一樣重要。但我認為你要先為品質做好定義才行。只重量不重質是最糟糕的狀況，必將導致全軍覆沒。

那麼牧師該如何擬定策略？首先要訂好目標。這名牧師打算做什麼？當然，身為牧師必然會對人們做些假設：如果他們來教會參加禮拜，得到救贖的機會就會增加。

身為校長六十年，我的假設是學生正襟危坐愈久，就學得愈多。這些都不是可以檢測的假設，卻不可或缺。如此類推，牧師定下的目標，就是要建立團契。

哪一類型的團契呢？不見得每個牧師都有相同的看法。可能有的牧師會說，我只是要他們來教會，這樣就夠了；另一個會說，不對，我只要某一群人來。這兩位牧師都在同一種行業內，可是對自己的使命有相當不同的看法；前者只是想建立一個廣大的教友群，後者則想開展一個由虔誠教徒所組成的小型社群。

接著你要問：想要得到哪一些特定的成果？不管是教會、醫院、童子軍或者公立圖書館，你定下的策略都會具備相同的結構。首先你需要目標，而且要與使命相契合，也要順應周圍的環境，然後你要為特定的範圍規畫特定的成果。牧師如果把自己的教區看成一大群教徒，就會試圖去區隔市場，並為每一種區隔制定不同的服務。有一次我去旁聽了一個會議，會中一位成就非凡的牧師表示：「任何身為牧師的人，只要一心一意的耕耘五種市場區隔，都可以在五到七年之內建立一間龐大的教會。他該有一群青少年教徒、一群單身貴族教徒、一群新婚的教徒，也替因患病無法出門的教徒提供服務，以及耕耘銀髮族教徒。剩下的就是執行和下苦功了。」然後他加上一句：「當然，你要為這五大族群設定目標對象時，要考慮身處於什麼樣的社群中。」

也許這有點把事情太過簡化了，不過我也聽醫院的行政主管說過類似的話。總之，要將眼光放在最終的受惠者身上，他們就是市場，就是最終極的顧客。不管這個市場是教會、醫院、童子軍團還是公共圖書館，其策略結構都是一樣的。如果是公共圖書館，你會有成年人、年輕人及學齡前兒童等對象，而且你還要照顧到學校的需求，服務他們。我會把每一個族群看成一個個不同的市場，他們共同享有一棟建築物、一樣的服務，也享有一大堆的書籍。可是我認為你該設法用不同的方式去打動他們的心，而且還得做好行銷計畫。你還需要資金，切記要善加分配；更需要做好溝通，仔細聆聽市場給予的回饋。

首先，大目標要明確，然後一定要能轉換成為特定的成果和實際目標，各自針對特定的對象，也就是市場區隔。這一類的特定策略可能需要很多才夠。美國心臟協會就將籌款對象劃分成四十一種，實在不少。這也說明了為什麼他們一直這麼成功。

接著，每個目標族群都需要一套行銷計畫和行銷活動。你要如何真正地行銷到他們那兒？你需要的資源首先是「人」，其次是資金，你得好好去分配。

各人職責與目標執行

現在我們來談談溝通和訓練的部分。各人的職責是什麼？什麼時候去做？要什麼樣的成果？他們需要什麼工具？該用什麼說法去打動目標對象？一位牧師對我說，二十五年以來，每當他面對一批又一批不同的工作小組，一起討論目標和使命的時候，他用的始終都是神學院的語言。可是呢，真正去執行的是那些志工，他們對這樣的用字遣詞並不習慣，例如「落實」、「實踐」和「計畫」等用語，如果是出自醫院行政人員的口中，聽在復健部那些滿腦子肌肉組織的專業人士耳裡，可能也會覺得刺耳。請切記，你一定要弄清楚各人應盡的職責，還有他們接納指令的方式。如此，才能充分「上情下達」，讓受命者順利完成工作。

再下來，你還需要後勤補給。哪一些是必要的資源？我經常會想起一個有關於拿破崙的故事：每當他聽明過人的元帥們絞盡腦汁想出了對普魯士、西班牙等國的新作戰計畫之後。拿破崙總會靜靜地聽完，然後問：「需要幾匹馬？」通常元帥想都沒想到這個問題，所以沒有足夠的馬匹來配合計畫。這是個很典型的狀況。

最後，你要問：「我們什麼時候該看到結果？」試著沉著等待，但等到結果出來時，更要注意是否與原先的方向相符合。你需要的是什麼回饋？你該如何衡量得到的成果，以便了解自己在某些關鍵的部分是否落後甚多？如果再不急起直追，所有的工作勢必受到阻礙（用拿破崙的話來說，就是馬匹不夠）。或者說，結果發現我們搶在期限之前一大截，那麼是不是所有的工作都可以加速推行？還是說，我們可能衝得太快了，來不及煞車？回饋和監控重點正是你所需要的。

我想這些步驟在每一個組織中都一樣，該怎麼去執行則要視組織本身的性質而定。不過在整個過程中，書面和口頭的溝通都要善加利用。書面過程的最大好處，在於可以給每個人發一張通知單，然後由上往下巡視一番，問道：「對第三點有沒有疑問？」總會有人說：「我們在討論第三點嗎？我還以為是第二點哩。」這樣大家可以一起討論議題。更有甚者，是能夠廣邀來自各方面的建言。

除此之外，事後也要能鼓勵大家回來對你說：「這是我所聽到的說法。你是不是就是希望我這麼做？」這種時候用口頭要比書面方式來得好，因為這種表達方式比較自然而隨和，可以減少彼此間的誤會。

明確的目標和落實方法

如果要我舉出一個例子來說明非營利組織擬定的優勝策略，則非自然保育組織（Nature Conservancy）莫屬。該會的目標簡單明瞭，就是要盡其所能地保護上帝所創造的千萬動物和植物，使其免於人類的摧殘。理事會發展出的策略就是搜尋亟需保護的地方，另一套策略是去籌募基金，第三套策略是管理募款。我們知道捐錢贊助的人士分散在各地，因此該會在各州設立分會，以便接觸各地方人士。至於他們的目標，我想是一年成立十五個保育區，堪稱野心極大。不過因為該理事會的目標和落實方法都很明確，大致上都能說到做到。從各方面看來，我認為這都稱得上是全面的成功。

不過，擬定策略之時要謹記一條戒律：不要因為目標可能太過「爭議性」而刻意避開它。有一家大醫院就曾面臨下列的難題：是要盡量填滿空床位呢？還是要以提供最佳的醫療服務為目標？該醫院試圖避而不談，結果這種做法幾乎毀掉了整個醫院。院內最有名的一批眼科醫師提議，將眼科手術部門改成獨立於體制外的手術中心，他們認為這麼做就是邁向改善服務的第一步，部分行政人員也持相同的看法。但董事會認為第一優先是達到病床使用率，他們認為眼科醫師這麼做只會降低病床使用率。最後，這批優秀的眼科醫師厭煩了與醫院之間的爭辯，帶著所有的急診和住院病人離院而去。其他的名醫也群起而效之。短短三年之後，無論在名聲、人數還是病床占有率方面，這家大醫院都已一蹶不振，最後不得不出售給一家營利的連鎖機構。

許多人常做好了策略，然後在執行時妥協。可是目標絕不容許有絲毫的妥協，不能避重就輕，或想要討好雙方，皆大歡喜。

另一條戒律是：不要以同一種訊息行遍天下，以為可以打動不同的目標對象。幾年前我協助發展了一項執行管理計畫，我們十分清楚目標是什麼，卻沒有好好地研究市場區隔的部分，結果我們對所有人都說出一樣的話，試著將計畫推銷給他們。經過六、七年的艱苦奮鬥，仍然成效不彰。最後我們坐下來檢討，發現「我們其實有三個不同的市場，大家可能都會參加同樣的計畫，可是參加的理由很不一樣。」我們重新整編，現在已經為每一個組別設置了個別的行政主管。果然就行得通了。

尋求改革創新的契機

通常來說，非營利組織並不缺點子，缺乏的通常是將這些點子化為實際行動的意願和能力。大家需要的是具有創意的策略。成功的非營利組織是以探尋新的機會作為組合基礎。求新求變的機構，會有系統地檢視組織內外，以獲得創新的契機。

在事業達到巔峰時，重新定焦和進行組織再造，這就是一套所向無敵的策略。當我們在事事都得心應手、每個人都說「別庸人自擾了。天下一片太平，哪有什麼問題？」的時候，希望你的組織裡也許會有些敢於直言的人，對大家說：「讓我們一起改善某些事情，讓事情做得更好。」如果你坐視不管，很快就會走下坡。

過去十五年來，絕大多數陷入困境的機構，就是因為沉溺在既有成就中而不能自拔。看看艾森豪時代的美國勞工工會是多麼威風八面！但現在這個工會又到哪裡去了呢？造成這些不幸下場的原因，是由於那些勇敢說出「我們達成了目標，現在該是改善的時候了」的人陸續被迫離開組織，他們受到的待遇就像小男孩在教堂裡說髒話被逮到時一樣。二十年前施樂百公司是零售業裡不折不扣的霸主，七成的美國家庭都以它為購物的第一選擇。然後這個企業開始洋洋自得，不去注意美國市場的變遷，其實企業在一帆風順時，也是該坐下來自省「我們能否做得更好？」的時候。制定改良策略的最佳準則就是努力耕耘出成果，成功的地方更要精益求精，不斷隨機應變。

就像所有和組織精神有關的事物一樣，求變的責任來自於在上位者。因此經營創新組織的主管一定要自我訓練能時常探頭向窗外觀看，尋找變化。有趣的是，學習向外看要比向內看容易，而且最好有系統地落實進行，都是很重要、聰明的好主意。

我見過最出色的一所大學，在全美學生人口正逐漸減少的時候，申請人數居然能夠不減反增，而且申請人的素質還比以前提升，靠的就是類似的方法，該校校長和入學許可主任每星期輪流去拜訪各所高中，多方了解學生對未來期望的轉變。另一方面，今日美國社會的一大特色是由教會辦的教堂。牧師們也開始密切注意人口統計資料和年輕專業人士的變動情況。在疏離的社會中，這些受過良好教育的專業人士可能亟需精神糧食、族群的歸屬感，也需要別人的協助和安慰。因此，外界的變遷是大好良機，為了獲得新靈感，你可以強迫自己每天走不同的路去上班；你可以強迫自己坐下來和那些想上大學的高中生談話；你可以強迫自己檢視人口結構的變化……這些都是你的第一手資訊。

接下來，組織該做內部檢視，尋找改革的最佳線索，通常都會出現意想不到的收穫。不過，多數機構只會慶幸獲得意外收穫而已，只有少數機構能因此而激發出改革的行動。關於這點，我倒可以講一個很棒的故事，地點不在美國而是印度。在不到二十年間，印度這個國家一舉將國內的長期糧荒問題扭轉成一片糧食過剩的景象，造成這種轉變的主因之一，是來自印度國內一間大型農民合作社。當時該社為歐洲製的一種廉價腳踏車做銷售代理，這種腳踏車上還備有輔助馬達，問題是農民並不習慣使用它，一直乏人問津。令人奇怪的是，儘管腳踏車的訂單一直未見起色，馬達的訂單卻蜂擁而至。合作社的人員都在說：「愚蠢的農民，難道他們不知道馬達要裝在腳踏車上嗎？」只有一位主管沒有附和眾議，他出外拜訪農民，問他們：「你們要馬達來做什麼？」結果發現，農民利用這種構造簡單的單鍵式汽油引擎來做灌溉唧筒的馬達，取代以前徒手操作的做法。說不定利用汽油灌溉唧筒來引水入田的做法，就是促成印度農業大躍進的主要功臣呢！

簡單地說，想要改革有成，首要條件就是要能順勢將改變視為良機，而不要視之為威脅。

許多人都很擔心「鑰匙兒童」的現象。但是對美國女童軍總會而言，這種現象反而導致了小菊花女童軍的誕生，為許多媽媽要外出工作的小女生解決了問題。面對變遷的環境，我們要時時刻刻反問：這是否提供了讓我們做出貢獻的機會？

第二個問題是：組織中有誰該來主持這件事？這是個很關鍵的問題。許多改革新機都需要小心呵護，應該讓真正有心要創新並樂見其成的人來掌舵才行。新事物也很容易引發問題，所以主其事的人不但要能全心投入，也要在組織中有相當地位。

接下來再考慮恰當的行銷策略。問問自己：我真正想要做的是什麼？成功的企業發展出來的策略總是大相逕庭。像寶僑這樣的大公司，通常對推出新產品自有一套明確的策略，就是：領先市場、稱霸市場，行得通就是必勝良策，但風險也相對奇高無比。過去半個世紀以來，ＩＢＭ從未推出過新產品，而是扮演富於創意的模仿者，雖然它的目標鎖定在市場霸主的位置，卻讓其他公司去打頭陣，以避開開路先鋒常犯下的經營瑕疵。日本人的策略又不同了，他們會趁勢利用領導品牌所犯下的錯誤和惡習，特別是驕矜自大的毛病。

試著去發掘可以建立的利基。一個經營得非常成功的非營利醫院集團，會先調查清楚各地社區的需求，而不是在每個地方都規畫一般的社區醫院。譬如甲社區可能需要一家精神病院，乙社區要的則是老人疾病醫療中心，兩種都是特殊需求的醫院，這就是策略所在：如果你想要滿足特殊需求，就不要同時又想著去滿足所有人的需求。

改革常犯的通病

任何改革都會出現以下的通病。

從意念到實踐的過程中，切記不要忽略了實驗階段，更別省略測試想法的步驟。

如果你打算從觀念直接導入行動，那麼即使是一點小小的瑕疵也足以摧毀整個改革創新行動。

同時，不要人云亦云，要向外界伸出探測的觸角。人云亦云的常識通常都是二十年以上的陳腔濫調。只要看看政治選戰中，有些候選人在初期顯得意氣風發、極被看好，到後來卻被人貼上「陳腔濫調」的標籤，乏人問津，就是因為他們不測試這些想法，墜入了人云亦云的陷阱而不自知。

下一項常犯的通病就是自認為正義化身的傲慢。改革家通常太過自豪於自己的創新想法，以致不肯紆尊降貴去適應現實狀況。新事物實際要面對的市場往往有別於改革家所認定的一切，這早就是一條恆久通用的法則。有位牧師朋友曾對我談及一項新計畫：「棒極了。針對新婚夫婦設計的新計畫。」年輕的助理牧師既是策畫人，也是執行者，但讓他吃驚的是，參與活動的人士中竟然沒有新婚夫婦，反而都是些同居有年、開始考慮婚姻大事的年輕男女。根據資深牧師透露，有一段時間簡直沒辦法和這名助理牧師共事，因為他變得過度義憤填膺，老嚷著：「這又不是為他們準備的。」他只想把那些人趕走。

另一項通病就是不懂得全盤更新，只在現狀中修修補補。目前通用汽車公司的困境就是只見革新代價、不見其效果的一個狀況。當日本人進入美國汽車市場之後，開始改變美國消費者對汽車的觀念，通用於是踏上了修修補補之路。公司製造出來的車子比以前稍有改善，卻也花了巨額的金錢、時間和人力在修補工作上，而這筆花費是一般改革所需的數倍。幾年之後，福特也遇到與通用一樣的問題，這次福特的人坐下來，自問：「應該怎麼創新？」最後福特發展出一系列的新車，並以嶄新的手法去銷售這些車子，在投資活動上冒了極大的風險。可是他們做出了一批截然不同的新產品，可以放膽與市場上其他產品好好較量一番。

計畫到了一個階段就該研究清楚職責所需，然後配合需要來設計工作內容，這實在是一個很要緊的決策，絕對不要只是說：「我們從前都是這樣做的，現在改善一點就好了。」身為主管者一定要知道什麼時候該說：「我受夠了，不要再談改善了。這條破褲子上的補釘實在太多了，再補也無濟於事。」

不要以為創新之路只有一條。每個人都該重新來思考，不要說：「我們用這個法子去推動新活動，一連六次都毫無問題，所以這個方式一定管用。這就是我們的處方，絕對沒錯。」如果行不通，也不要怪罪在「愚蠢的大眾」身上，要說：「也許該試試其他的法子。」在擬定創新策略之前，不宜說：「我們一向都是這樣做的。」而要說：「讓我們來看看需要做些什麼事。市場在哪裡？顧客或受惠者是哪些人？有沒有什麼更新鮮、更正確的方法去介紹這些新東西？不要先從已知的經驗開始，要從值得學習的未知開始。」

對於看起來行不通的計策或行動，要記得一條法則：「剛開始就算行不通，也要再試一次，然後才另起爐灶。」新練就的兵法往往無法一試就靈，這時就該坐下來，心平氣和地檢討：「也許我們在順利的時候衝得太快了，或是因為我們自以為一切都沒問題，就停滯下來了。」也可能是因為你所提供的服務不合時宜。試著去改進它，或全盤更新。雖然我不太願意這麼鼓勵你，不過你也許該嘗試第三次看看。之後，你就全神貫注於有斬獲的部分吧！該做的工作永遠是那麼多，但是我們的光陰有限，資源也是如是。

但是也有例外的時候。我們有時會聽到一些關於有人咬牙苦撐了幾十年，最後終於在荒地上耕耘出一番大天地的故事。可是這些例子都相當罕見，大多數的拓荒英雄所留下的不過是些難以辨認的殘骸餘骨罷了。也有些真心奉獻的信徒置個人成敗於度外，只求投身使命之中。我們需要的就是這些人。他們是眾人的良心，但往往不會成功。也許這些人在升天堂後才會得到回報，但這就無法證實了。「空空如也的教堂令天堂無歡。」遠在一千六百年前，聖奧古斯丁就在給一位僧人寫的信內如是說道，當時那僧人正忙著在沙漠中到處建造教堂。所以，一次不成的話，再試第二次，然後你就要慎加考慮，應該做點別的事了。

8 界定市場

訪問行銷大師科特勒❸

非營利行銷的首要步驟是先界定清楚本身的市場，也就是你以後要面對的是哪一群人，想清楚你要對誰推銷自己的產品和本領。

杜：科特勒先生，當你在一九七一年出書討論「非營利行銷」時，當時的非營利界普遍缺乏行銷觀念，因此無法接受書中的見解。我這樣講對不對？

科特勒（以下簡稱科）：對。當時他們關心的只是怎樣把會計和財務做好而已，也才剛開始採用你的管理概念；他們的心思還沒辦法兼顧到行銷。老實說，我的觀察是：當時有些機構已經開始在做行銷了，只是還不曉得怎麼做好行銷工作。我覺得行銷就像其他商業功能一樣，是很普遍的一般性功能，適用於所有機構。非營利界應該

❸科特勒（Philip Kotler），美國西北大學科洛格管理學院（J. L. Kellog School of Management）名譽教授，是國際知名的行銷大師。

多重視行銷。

杜：從那時候開始，許多非營利組織在觀念上逐漸接受了行銷的重要性，但是他們有沒有付諸行動呢？

科：不同的機構重視行銷的程度都不一樣。醫院當然充分體會到行銷功能的重要性，大學就慢了一步，博物館和表演藝術團體也開始做行銷。許多機構誤解了行銷的真義，他們把行銷和強迫推銷或廣告混為一談，因此也就不太熱中於行銷。

杜：那麼，針對非營利組織來說，你如何界定行銷？我猜我在非營利界的朋友聽到你剛才說他們把行銷和強迫推銷混為一談，大概都會覺得有點困惑。他們大都認為這就是行銷。

科：行銷最重要的任務是：研究市場、區隔市場、鎖定你想要服務的目標市場、找出自己的市場定位，還有創造符合需求的服務，接下來才輪到廣告和推銷。我並不想貶低後兩者的意義，不過好幾年前，你說過行銷的目的就是把推銷變得毫無必要，這番話真的很精彩，嚇到好多人。

如果行銷不是推銷，那麼行銷是什麼呢？我聽過最精簡的定義就是找出需求，然後滿足這些需求。行銷和推銷之間的不同，就在於行銷是以顧客、消費者或想要服務的族群作為出發點。如果你以現有的產品為出發點，然後想辦法把產品推到你找得到的任何市場上去銷售，這就是推銷。

杜：我有許多在非營利界的朋友一定非常贊同你剛才的說法。接著他們會問，但我們要滿足的需求不是顯而易見嗎？總要有人去餵飽窮人的肚子吧！有人陷在罪惡中不能自拔，總得有人拯救他們的心靈啊！他們自認都是受到需求的驅使，所以不太明白還有什麼事要做。他們是不是只看到一面？

科：許多機構都很清楚自己要滿足什麼樣的需求，可是他們經常不懂得從顧客的觀點來看需求。他們往往根據自己對市場需求的詮釋來做假設。以醫院為例，醫院到底是為疾病而設的機構，還是為健康而設的機構？絕大多數醫院都說他們的任務是要照顧病人，好讓病人康復。你也可以駁斥他們說，如果醫院把自己真正的使命定義為預防疾病，會更有意義。需求有很多微妙之處，須進一步詮釋，我稱之為顧客研究、消費者研究。基本上，主要的問題在於這些機構是不是真正消費者導向？

杜：你可不可以舉例說明，怎樣才是懂行銷、而且真正在做行銷的非營利組織？

科：史丹福大學針對校友、社會人士籌款的方式，就是很好的例子。該校採取的完全是行銷導向的觀點，發展部主管同時也是校友團體的領導人，他們用最具成本效益的方式去接觸校友。舉例來說，史丹福的畢業生都會收到兩封募款信，如果一直沒有回應，學校就會放棄向他們募款；捐獻二十五到七十五美元的校友則會接到三至四封信；超過七十五美元的捐助者會接到致謝電話等諸如此類的做法。基本上來說，整套做法是以市場區隔為基礎，形成最具成本效益的行銷組合，作為籌款工具。

杜：史丹福大學有沒有做任何顧客研究，以了解大學在潛在捐助群的心目中是什麼地位？或者校方只是和許多大專院校一樣，聲稱教育是有益的，我們需要你捐錢支持教育？

科：一點也沒錯。這就是許多以銷售為導向，或以產品為導向的機構所面臨的問題。他們總是認為自己的產品既然這麼棒，為什麼大眾還不爭先恐後來購買或使用這項產品？在史丹福的狀況中，他們以實驗精神來處理籌款活動，校方並不認為所有的史丹福畢業生都會喜歡一視同仁的訴求，也就是說，面對不同的人要有不同的招數。他們透過各方的回饋和對每個市場的研究，學到了最佳的出招方式。

杜：史丹福需要招收學生，因此會用到行銷；學校也需要延攬和留住第一流的教授人才，這些人才是其他學校爭相延攬的對象；同時還要找到人捐款；這些都是行銷活動。基本上，你認為三者之間有差別嗎？

科：每一個非營利組織都在社會大眾的汪洋大海中努力向前。大學要吸引學生就讀，還要向政府和其他機構爭取研究款項。行銷所要解決的問題就是：怎樣才能得到自己想要的回應？行銷提供的答案則是：你必須向你想獲得回應的對象提出明確的提議。這個得到回應的過程，我稱之為「交換的思考」。我要先付出什麼，才能得到什麼樣的回報？我能為對方附加什麼樣的價值，從而也為自己想得到的回饋增加價值？互惠和交換的思考正是行銷概念的兩大柱石。

杜：非營利組織在區隔自己和其他組織的差異時，這種方式有多大的意義？史丹福必須和其他一、兩百所大學競爭，一家醫院也可能要和其他三家當地醫院別苗頭。差異化到底有多重要？該怎麼去做？

科：我們現在把行銷看做市場區隔（segmenting）、鎖定目標對象（targeting）和定位（positioning）的過程，我稱之為行銷。表示有別於行銷，就是午餐（lunch）、打高爾夫球（golf）和晚宴（dinner）行銷。這三者當然也有它們的作用，但是和市場區隔、鎖定目標對象和定位比起來，就差得遠了。

在定位這個問題上，我們要怎樣和我們感興趣的市場打交道？我們要怎樣才能顯得不同凡響？你沒有辦法滿足所有人的需求，所以大部分的機構都在積極尋找自己的獨特之處，也就是競爭優勢，競爭優勢來自於不斷強化自己的長處，然後讓目標市場了解你的特長及這項特長對他們的意義。讓我舉一個例子：醫院可以提供一般性的服務給病人，但這麼做可能和其他醫院毫無兩樣。我曾經看過某些醫院的做法是，先調查社區民眾有哪些尚未滿足的需求，譬如，那裡可能需要運動醫學部門或是燒燙傷部門等。

如果這些醫院的主管人員夠聰明，就能看清楚哪些需求很強烈，或是自己有能力提供哪些服務。照顧到這些需求，就等於為自己增添一項看家寶，多了一樣有別於他人的特色。必須經過這樣的差異化過程，否則顧客沒有理由選擇你們的產品。

杜：聽起來，非營利組織行銷的首要步驟是先界定清楚本身的市場，也就是你以後要面對的是哪一群人，想清楚你要對誰推銷自己的產品和本領，是不是？

科：對。以教會來說，你剛才所說的就是教會面臨的大問題。照理說，教會應該照顧所有需要宗教經驗的人，因此它應該是一個多元化的組織；但從另一方面來看，用行銷的概念來想就會知道，如果教會能明確界定自己的目標市場，就可以經營得更成功，不管他們把目標設定為單身人士、離婚人士、同性戀者，還是其他人。說到「多元化」，有一個很有趣的現象就是，顧客通常不喜歡和非我族類混在一起。

還有一個問題，我稱它為「市場合奏」。你要怎麼把各式各樣的族群整編成一個大合奏群，讓機構的業務蒸蒸日上？在界定市場時，光想到這一點就讓人壓力大增。我們不能讓所有人都一起合奏，可是也不能只限一個族群。教會需要清楚界定目標市場，而這些族群都各有其不同需求有待滿足。

杜：這麼說來，使命本身倒是可以放諸四海而皆準。但是想把非營利組織經營成功，就得訂好策略，然後把焦點集中在主要目標群上，並為他們提供服務。募款活動也是一樣，對不對？

科：在募款活動裡，要先謹慎界定適當的款項來源和捐款動機，也就是捐助者為什麼要捐錢？這筆捐款的對象是誰？我要再說一遍，在訂定努力方向的過程中，研究顧客是很重要的。

杜：那麼，非營利組織需要自我調整，為市場服務到什麼地步呢？譬如，教會裡有很多銀髮族，他們是教會的主力族群，但他們想要的教會和單身貴族的需求就很不一樣。這樣一來，每家教會都得調整自己的服務內容來適應最具潛力的市場了。

科：教會可以發展出不同的服務，並且調派不同的神職人員服務不同的族群。譬如它可以為某個族群推出清晨的禮拜時段，然後為另一個族群推出近午時分的禮拜時段。我認為解決方法也許就是，不同的族群有不同的領導人，然後派遣不同的神職人員為他們服務。

杜：可是你好像不贊同採用所謂的「精品店」的經營模式，這在非營利界的成效可是很不錯呢！

科：把精品店換成利基市場的說法吧，我相信有些機構毫無疑問的應該走利基路線，捨棄大量生產的作風。就以劇團為例，芝加哥市總共有超過一百二十個表演藝術團體，部分劇團就是以特別的表演劇目作為利基所在，例如有專門表演莎士比亞劇的劇團、有表演經典劇作的劇團，還有只表演近十年來創作的劇團，問題是：你到底是想深入滿足某一類型的觀眾呢？還是只要能大致滿足許多不同的觀眾就好？

杜：你知道，我與博物館合作過不少次，其中真正成功的都紛紛開始建立起自己的利基了。那種十九世紀博覽會型的博物館，例如紐約的大都會博物館，直到現在還是美國的典範，但是已經開始變得……嗯，有點落伍了，他們沒有固定的客層，可是博物館也要小心不要變得太過偏狹。在洛杉磯有一家很棒的博物館，專門展覽美洲的印第安人文物，那就太狹隘了。不過我覺得現在可以看到愈來愈多的利基策略，醫院也是，社區醫院開始了解精品店的經營概念，有一種獨立於大醫院體制外的手術中心，還有一種是專科醫院。我認為非營利組織和營利企業一樣，都必須做區分產品特色的工作。

科：我不能不同意你的看法。但這的確對十九世紀型的機構造成了一個問題，他們該解散嗎？像通用汽車公司，是不是就得分割成為五家不同的公司呢？這類無所不包的「超市」基本上都陷入了行銷困境。芝加哥藝術館所採取的對策，是把忠實的捐助者和支持者依不同的藝術風格，組成一個個小組，例如，現代藝術小組每個月聚會一次，聚會時通常請人來演講，或一起關注現代藝術的新動態；另一個小組則以古希臘羅馬時期的藝術為焦點。所以，大型博物館也有機會成立各種興趣小組。你知道，小即是美。你該怎麼協助顧客認同像大型博物館這樣高不可攀又龐然的組織呢？

杜：唔，我想，好多機構都有這種問題，教會和猶太會堂也碰到這個問題。我有許多朋友在宗教機構工作，他們都必須在又要與眾不同、又不能太標新立異之間擺盪。我個人認為行銷做得最出色的要算是基督教基要派神學院了，它採取的是精品店經營模式，講究的不是面面俱到，而是特殊專長。另一方面，以研究為主的大學都經營得很不錯。可是五、六〇年代曾經風光一時的綜合大學，在大眾心目中反而漸漸變得沒有特色。這就說明了為什麼十五年前，一些辦得很好的人文學院學生人數銳減時，大家原本以為他們會漸趨沒落，結果他們現在卻形勢大好。這些學院都不算太小，兩千五百名學生也不算迷你了。學校有自己的特殊風格，而學生又可以與學校打成一片，像明尼蘇達大學或是加州大學洛杉磯分校這樣的超級大學，反而很難描述其特色。我覺得未來在非營利界中，還會看到更多的產品辨識（product identification）策略，和企業界一樣，市場會決定機構的性格和產品的性格。

為什麼非營利組織需要行銷呢？就是為了要確定自己真的滿足了需求嗎？它能不能滿足自己的顧客呢？非營利組織做行銷的真正目的到底是為了什麼？

科：行銷概念起源於競爭者的出現和增加，這是機構前所未曾面臨過的狀況。許多機構處在順境時，都對行銷興趣缺缺，突然有一天，他們發現自己其實並不怎麼了解顧客，教徒漸漸棄教會而去、學校吸引不到學生或醫院沒有病人上門來了等。然後這些機構開始體會到競爭的現實情況。

那麼，要如何面對激烈競爭的環境呢？早期醫院的應變之道，是跪下來祈禱世界沒有改變，自己仍有一片容身之地。現在呢，禱告也許還有一些作用，可是這並非治本的方法。通常的答案是：也許在「行銷學」裡面，可以幫助我們了解為什麼顧客一開始會選擇我們，或者後來為什麼又棄我們而去。

杜：有一句古老的神學定律說過，祈禱不能代替正確的行動。這就是你剛才所說的。那麼，在非營利組織中，應該由誰來負責行銷工作呢？

科：執行長毫無疑問的應該總管行銷。組織的領導人一定要懂得行銷、喜歡做行銷，同時又很想將行銷的邏輯和智慧傳播給職員和跟組織有關係的人，否則就絕對做不好行銷工作。不過，總裁本人不能去做執行的工作，一定要授權給行銷專才來做才行。大多數機構都會設立一名行銷主任或行銷副總裁，在醫院中就是這麼稱呼的，當然兩者之間還有一些差別：行銷主任並沒有制定決策或影響決策的權力。這就是為什麼我寧願由副總裁來出任行銷主管一職，因為這個人應該與所有主管一起，全程參與描繪機構未來的願景。

杜：可是，我們要怎樣才能知道非營利組織所做的行銷活動，到底有沒有為這家教會、神學院、醫院，還有大專院校帶來實質的貢獻呢？

科：行銷應該達到以下的貢獻：為非營利組織在市場上建立「認知上的占有率」和「情感上的占有率」。不管什麼時候，非營利組織都應該在目標市場的心目中，有一定的知名度和好感。好的行銷計畫會協助提高非營利組織的知名度，並帶來更多的忠誠感或與大眾的感情聯繫。所以，衡量行銷貢獻的一個方式，就是注意有沒有更多人知道我們的機構和喜歡這個機構。當然還有成本付出的問題，要做事就要有預算。行銷一定要有目標，否則就沒有辦法精確地評估出它所帶來的衝擊。如果有個機構說，在我們的目標市場裡，有三〇%的人認識我們，其中又有八〇%的人同時對我們具有好感，現在我們希望將好感受提升到九〇%。這就是可衡量的目標，可以透過行銷研究加以衡量。所以，要知道行銷是否有效，關鍵就在於先設定好目標，然後調查看行銷有沒有協助組織達成目標。

杜：目標愈明確，事情就會做得愈成功？

科：沒錯。最近醫院界也注意到這個問題。起因於醫院把預算用到廣告上，花了很多錢，對社區民眾大肆宣揚院內工作人員如何的親切又富有愛心等，現在他們都在懷疑，這些廣告到底有沒有在社區為醫院建立起知名度和好感。有些執行長對成果感到困惑，他們覺得效益不夠大。

我的分析是，醫院經常將預算用錯地方，他們還沒有定位出自己的特色，就陷入密集的廣告大戰，他們顛倒了行銷的次序。正確的順序應該是：先做顧客研究，了解自己想要服務的市場和市場的需求；其次發展出市場區隔，確定你想要往來的各種族群；最後針對目標市場，制定政策、做法和實際的活動計畫。最後一步才是向市場傳播這些計畫的相關訊息。有太多醫院和其他非營利組織還沒有做到前面三步驟，就一頭栽入廣告活動中，這簡直是本末倒置嘛。

杜：市場調查中明明顯示，大眾真正需要的是醫院實話實說，像是有多少人動完腿骨移植手術後，可以在半年之後站起來走路這類的數據等等。可是太多醫院不肯把這類訊息告知大眾，因為同樣的結果不可能出現在每個人身上。如果醫院說有九八%的病人到時可以走路，就是暗示有二%的人不行，所以醫院只好講些像「我們愛你」這類的話。病人面臨重大手術時，擔心的事情可多了，絕不只是考慮醫院有沒有愛心這麼簡單。你的意思就是，在溝通之前，應該先知道顧客重視的是什麼，而不是把你自以為重要的訊息告訴顧客。這就是有效行銷的關鍵所在。

科：對。我經常說，目前完全不做行銷、或只做一點點行銷的非營利組織，就算從現在開始全心全意投入行銷，可能也要花上五到十年的時間才能建立起有效的行銷步驟和計畫。提醒你一下，許多機構都在一、兩年之後就停下來，尤其是那些早期成績還不錯的機構，他們都自以為已經大功告成。之所以要花五到十年的時間，就是因為行銷不只是設立一個部門這麼簡單而已，而是需要組織裡每一個人都專心追求同一個目標，即滿足顧客、服務顧客。如果是博物館，就去動員館裡其他部門，上至館長，下至清潔工、維修人員和安全人員，徹底了解這點。這工作很難，而且很耗時。

杜：你這番話的意思是說，組織的每一個人都跟行銷有關，需要直接跟顧客打交道的員工當然就更不在話下了。照你這樣說，行銷不只牽涉到具體的執行工作，而且是組織成員發自內心的基本認同感。在講到非營利組織的行銷任務時，你認為組織最基本的作為是滿足自己的目的。

科：一點也沒錯。唯有當非營利組織很清楚自己想實現的目標，同時能激勵組織裡每個人一起來實現這個大目標，看清目標的價值；而組織也採取行動，以合乎成本效益、又能產生具體成效的方式實現願景，行銷才會有效。

杜：這麼說來，你是否同意行銷是讓供應者（非營利組織）的產品、價值以及行為，與顧客的需求、欲望和價值觀合而為一的工作？

科：行銷指的就是讓組織的目的、資源和目標，與外界的需求和欲望協調一致的方式。

9 建立穩固的支持群

訪問美國心臟協會資深副主席海夫納❹

推動非營利組織前進的其中一股力量，就是擁有廣大、健全而穩固的支持群。要想發展這樣的基礎，最好就是從身邊的捐助者做起。你需要他們的擁護與支持。

杜：募款活動是從前的說法，現在改成「基金發展」。海夫納，這是否只是措辭的問題呢？

海夫納（以下簡稱海）：對有些機構來說，大概只是修辭的問題，但對其他機構而言，則是體認到自己的成長潛力取決於捐助人士，所以應當好好培養和這些人的關係，同時將他們納入組織的整體發展計畫中，而不是只把他們視為今年的募款對象。

杜：這會不會只適用於一些全國性的大組織，就像你所屬的美國心臟協會？還是也適用於「聯合勸募機構」或地方教會和醫院？

海：這個觀念適用於所有的非營利組織。推動非營利組織前進的其中一股力量，就是擁有廣大、健全而穩固的支持群，想要發展這樣的基礎，最好就是從身邊的捐助者做起。你需要他們的擁護與支持。

杜：不過，在你已經說服捐助單位支持以後，還應想辦法降低爭取支持者的成本，也就是你不需要每年都向他們推銷。對不對？

海：對啊！你應該抱持著和捐助者建立長遠關係的心態，協助他們更加支持你們的組織，這樣才能事半功倍，就算從成效的觀點來看也言之成理。非營利組織想要成就一番大事業，就必須讓更多人關心組織的發展，也讓捐助者對你們的計畫產生認同感與歸屬感。

杜：你們遍設各地的一千六百個分會運用了哪些募款工具？你們大多數的款項都是從這些地區募來的，對不對？

海：九九%的基金是由社區中募來的。首先，你必須讓捐助人士了解你們是什麼樣的機構，以及你們想完成的志業，這樣他們才會認同你的大目標。

杜：如此一來，你勢必要有明確的使命，是嗎？

海：是的，一定要有很清楚的使命和目標。本會的目標與使命休戚相關：防止因

❹ 海夫納（Dudley Hafner），美國心臟協會的資深副主席和執行總裁。

心血管疾病和中風所引起的早逝和癱瘓是我們的使命，從中衍生出來的目標，可能就是要說服人們戒菸，或改變飲食習慣，或是贊助一些相關的生物醫學研究。所有這一切都要從社會大眾的利益著手。

杜：現在假設你來找我，你要怎麼說服我贊助貴機構？

海：我們會向你做報告，讓你了解我們目前面臨的最大挑戰、打算如何迎戰、實現目標的可能性有多大，以及你的捐贈對我們是多麼重要。為了培養與你的關係，我們會寄上一系列的郵件給你；如果是全心要和你建立關係，我們還會邀請你參與本會主辦的一些活動。

杜：包括登門拜訪鄰居？

海：這是其中一項，或是協助我們舉辦量血壓活動等。培養你為忠實的贊助者，表示讓你有機會在我們想做的志業中發揮影響力。

杜：你們有基本目標。首先你們要想辦法讓別人捐錢，然後你們的長期目標是根據他們的認同程度和除了捐錢之外對組織的關注程度，吸收他們成為組織的一份子，成為會員。

海：前面所謂的「發展」，指的就是讓捐助者參與組織的發展，想辦法提升他們對組織的貢獻。也讓他們一同分享組織的成果，這需要長遠的策略，並不只是計畫每年的籌款活動而已。

杜：我聽說美國心臟協會或防癌協會很輕易就能籌到錢，因為捐款人等於是為了自己的健康而捐錢。在國際事務界或學術界的人就沒辦法訴諸捐助者的自我利益。這個說法言之成理嗎？

海：醫療保健界的非營利組織見到學術界人士時，卻會說：「他們可是受到大企業基金會的庇佑呢！」我們可沒這麼神通廣大，大部分的捐贈都是五美元左右而已。我們擁有自己的特殊利益團體，而我們面對的挑戰就是要擴大這些團體。

杜：你剛剛指出了一件最重要的事，我希望能讓更多人聽到，那就是：「你必須考慮清楚自己基本上是針對哪個族群著力。」

海：完全正確。然後你還要用直接有力的方式引起他們注意。

杜：我覺得很吃驚的一件事是，沒有多少人明白你這席話的重要性和獨特意義。我的歐洲朋友總愛向我指出美國的稅率有多低，我回答他們說，別搞錯了，我們美國人還自願支付國民生產毛額的一〇％去支持一些歐洲人根本不做的事，例如你們在心臟協會的工作，或者支持一些在歐洲交由政府負責、人民對經費運用毫無過問餘地的工作。大眾常常沒想清楚這一點，你同意嗎？

海：我同意。關於這點，我有一些非常切身的感受。首先，像美國心臟協會、救世軍或女童軍總會所辦的活動，都能讓大眾深入參與，這點很重要，因為大眾就成了支持者、贊助者。我覺得美國還有一個很特別的地方，就是這股熱心公益、慈善捐獻的力量，有如集會權、投票權或言論自由權一樣，是維護民主自由的重要力量，也是另一種表達自我的積極方式。一般納稅人不會認為自己參與了社會福利計畫，可是他們一旦參與了救世軍的活動或家訪護士的計畫，他們無論在精神上和金錢上都的確有所投入。這就很不一樣了。

杜：我們暢談志工行為，卻還沒有解釋它的涵義。讓我們先回到建立穩固支持者的主題，不管是貴會，還是地方教會、社區醫院或女童軍分會，問題在於：組織提供的是什麼樣的資料？如果有人上門來問我：「你們要在街頭募款嗎？這裡是你需要的配備。」你會提供些什麼樣的工具給募款人員？

海：我們有一套預先設定的工作架構提供給地方領導人。我們提供職務說明，也有辦法讓他們有系統地規畫出從現在到未來五年的目標。此外，我們還為籌款活動的每一個環節準備了說明資料，這些資料是在仔細研究過不同的捐助團體之後整理出來的。從市場調查中，我們可以了解到，譬如父母已屆中年、有相當收入的家庭，或由三十來歲、收入較低的年輕夫婦組成的家庭，各有什麼樣的喜好。因此，掌握了這些與價值觀和期望有關的資訊後。我們就可以整理出各種宣傳資料，以不同的手法傳遞同樣的訊息，以便打動不同的人心。

杜：我在你的話中聽到兩個很清楚的訊息；第一是你提到市場調查，貴會花了很多精力去研究市場，然後把對市場傳播的訊息集中到潛在顧客的價值觀方面；其二是你做行銷活動時一定先有很清晰的目標，就像你們針對有潛力的投資者和願意犧牲奉獻的人士推銷美國心臟協會一樣，而這些人最初的想法大概只是想給點小錢，好快點打發走募款者。我也聽過好多人說：「只要告訴我你要多少錢就好，我趕著回去看電視。」這真是一字不差的轉述。但過了一年後，同樣一個人會對我說：「你留下的資料滿有意思的。」這時我學會了說：「去年你捐了十元，今年捐二十五元，如何？」多半時候，我都會如願以償。

海：彼得，你真是個善於募款的專家，因為你帶出了募款活動成功的要素：珍惜每一位捐助者，你可以從沿門拜訪中找到捐助者，儘管有些人只想給一塊錢，好把你打發了事，但目光長遠的機構會仔細追蹤每一塊錢的來源，明年他們會再度上門，然後視捐助者的經濟情況而促使捐款往上加到兩元、五元甚至十元。每一個捐助者都變得非常、非常珍貴。

杜：可是你知道嗎？當我學習如何挨家挨戶募款時，我所得到最寶貴的提示不是來自你這裡，而是另一個機構。他們說：「不要在星期日下午電視轉播職業足球賽時去挨家挨戶募款，他們根本不會為了區區兩塊錢，把視線從螢幕上移開。」這一點我有實際的體驗。但你們提供募款人員的協助和另外那家機構相比，簡直有天淵之別，別人問我很多問題，我都沒法從他們那裡獲得解答。其間的不同在於：貴會力求讓街頭募款人員成為高效率的組織代言人，而其他機構用來用去都是一招「你知道有多少嬰兒正在與死神搏鬥」之類的訴求。用這種訴求想要募到款項，除非昨天電視上剛放映過一段恐怖影片，或新聞中出現了類似事件，否則誰會動容？

海：為了機構的長期發展，你必須雙管齊下，同時訴諸人們的理智和情感。做地方性推廣活動時，你就得為沿門拜訪人員著想，潛在捐助者總是把他們當成推銷員，但你也不妨把這看做可以教育潛在捐助者好好為自己打算的大好機會，比如說盡早預防疾病等。也可以藉機讓他們了解，他們能夠對組織的使命和關切的問題有所貢獻，並捐贈金錢。如果你不把握良機來完成上述的任務，無異錯失了創造長期策略的最佳機會。

杜：撇開各種機構爭奪基金的惡戰不談，每天總有三件、四件甚至五件申請捐助的案件吧，你們為自己的使命所募到的款項是增加了呢？還是保持穩定？

海：我們遠遠走在通貨膨脹之前。彼得，讓我告訴你一些這個行業中的競爭狀況。在我看來，不管是美國心臟協會或美國肺臟協會制定策略時，都不願意為了餵飽自己，而搶食其他非營利保健機構的一杯羹。所以我們得想辦法找到未經開發的新財源，而不是絞盡腦汁去說服捐助者改變捐款對象。非營利公益組織應該繼續秉持像這樣對社會有久遠正面影響的理念。

杜：我從來沒有聽過這樣的說法，聽起來好像和學校、教會、醫院或全國性非營利組織常說的「我們希望大眾只捐錢給我們」的說法完全不同。我們可不可以回頭談一談前面討論的市場調查主題？再對我們多講一點。

海：美國有兩百五十萬名志工擔任本會的親善大使，我們之所以做市場調查，是因為我們有義務提供他們最好的資訊，讓他們能把事情辦成。

杜：有哪些市場資料是有用的？

海：過去什麼樣的人生經驗，會促使一個人對你們的訴求產生反應？今天他面對的什麼狀況又會觸動他的心弦，在心目中對你們的組織另眼相看？你要設法排開像顧客需求、休閒時間的利用、支持什麼慈善團體和志願團體等雜亂資訊，需要的是使機構更有效傳達訴求、累積支持的資料，如此一來，你們的志工就可以更集中焦點。

杜：你知道，每年我都收到本地一家機構的小冊子，上面說，根據你的收入等級應該捐這麼多錢。我常常百思不解，這麼做到底是利還是弊？

海：我們發現，募款時如果指明希望得到的捐贈金額，活動的回應率就會大為提高。我認為舉行年度募款活動的機構在付出同樣心血的狀況下，如果指明想要的捐贈金額，可能會比不明說者多得到百分之二十五的收入。

杜：所以我又錯了。

海：讓我告訴你我的觀察心得。民眾不會因為你們要求的捐款金額高了一點而生氣，反而覺得受寵若驚，但對於想慷慨解囊的人，即使要求的數目太低，他們還是會捐出原本心目中的捐款金額。這時你就可以更上層樓了，捐助者一旦開始聽從建議行事，就自動被歸進非營利組織特別關注的名單中，他們的長期策略就是持續提高捐助者的捐贈等級。

杜：怎麼做？是不是篩選出實際捐贈金額高於建議數目的人，當做主要目標？

海：這是一種方法。然後你還要為依照建議金額捐獻的人擬定每年晉升捐贈等級的策略，我說的可不是粗魯的笨法子，而是溫和地暗示他們逐漸提高捐贈金額。我曾經參與一些地方募款活動，當時我們並不熟悉當地的民眾，我們建議了一定的數目，也得到了我們想要的回應。

杜：你是透過提供他們更多的資料來篩選出支持者呢？還是另有其他祕方？

海：我利用一些後續動作來分類，像個人的謝函、邀請他們參加特別聚會、寄給他們年度報告，說明機構打算如何善用捐款或列出捐款達成的貢獻。

杜：基本上，強調的焦點是以使命為主，以提升高潛在捐助者的意願。

海：沒錯。

杜：這麼說來，你們的市場研究試圖確認兩件事情，用術語來講就是：市場區隔和市場價值預估。市場區隔明顯嗎？

海：研究顯示我們面對四十一種不同的市場。

杜：告訴我幾個例子。

海：現年五十歲、年薪四萬美元的人，與年紀在三十歲左右、家有幼兒、年薪二萬五千美元的人所鍾意的訴求就大有出入。

杜：有沒有一些族群完全不屬於你們的顧客群？

海：對心臟協會來說，我想沒有。就算你是一位募款專家，還是有些特定領域是你不想花太多時間，因為捐贈規模難以出現較大幅度的成長。不過，我心中總會有一個聲音提醒自己，我們做的並不只是為機構籌錢而已，同時也是教育大眾和鼓勵別人參與的好機會。即使只得到五毛錢、一塊錢的捐贈，也還是值得的。

但你可不能以同樣的想法去規畫長期的成長策略和收入策略，那得要靠培養出手大方的捐助者，並提升他們的視野才能做到。

杜：是的，你必須到錢多的地方募款，這點很重要。不過你同時也要把基金發展當做一種教育活動，除了募款之外，還要向社會強調美國心臟協會的目標。

海：當然了，這也是為什麼我們每年一度舉辦的活動要以全民為對象。基金發展一定要有策略，並且知道諸多策略預期會帶來什麼成果，然後拿來和實際成績互相比較。對大筆捐助者有一套策略和期望，對小額捐助者又有另一套策略和期望。

杜：你知道「策略」是現在很流行的字眼，策略到底是什麼意思呢？

海：對我來說，策略就是如何運用自有資源去吸引某個人的注意，讓他做出我們想要他做的事。

杜：最終是不是都把焦點集中在「個人」身上？

海：通常都是集中在「個人」身上。

杜：假設你現在根據年齡和收入，或是居住地區如都市、市郊和鄉村等資料，來做市場區隔，該怎麼訂出策略？

海：假設我們要找的是五十歲的心臟病高危險群，我們想告訴他們如何降低心臟病的風險、這方面做過哪些研究或教育帶來的立即效果為何，因為這些都是他們關心的事；所以說，你的策略是提供目標對象一些他們感興趣的訊息，同時還捐出錢。

杜：你會事先提供當地的募款志工有關潛在捐助者的資料嗎？還是你只是告訴他們，如果此人是五十歲的男性就採用策略甲，如果是二十五歲的女性就用策略乙？

海：他們會收到自己居住地區的相關資料。我們已經整理出國內各社區的詳盡基本資料，然後把上門拜訪時最能挑起這個地區居民興趣的話題也告訴志工。當然這些都是大致的說法，其中也不乏許多例外。把資料都先準備好，這樣志工在社區內沿門拜訪時，就能產生更大的效果。

非營利組織的未來趨勢——同時也是我期望的發展——並不是按著傳統的做法去做，像發放特殊禮物和舉辦特殊活動等，而是圍繞著價值群去組織自己。把每個價值群都當做一個明確的市場，針對每個群體都有不同的相關資料、策略和支援系統。年齡和收入理所當然成了價值群最基本的資料，往下還有一連串其他的東西可以使用，不過我覺得對於非營利組織的每日運作來講，其他額外的價值不見得那麼重要。

杜：無論是全國性或地方性組織，像你們這樣的大機構或鄰里間的受虐婦女庇護所，如果要你選出一、兩項對基金發展或籌募基金很關鍵的因素，你的選擇是什麼？

海：第一個關鍵因素是好好關心、對待和培養捐助人士，其次我會視對方的能力來要求捐贈。這兩個做法能帶來長期而穩定的成長，從而拓展出龐大的贊助群。

杜：你並沒有將辨認潛在捐助者看得那麼重要？

海：獲得捐助者支持當然非常非常重要。不過我經常覺得失望的一點，就是看到非營利組織投注了大量心力找到捐助者，卻又沒能將捐助者資料妥善建檔，以便保持連繫。所以，最初的投資根本無從發揮真正的潛力。

杜：好，讓我試著表達我琢磨出來的幾個要點，首先你告訴大家清晰明確的使命有多麼重要，同時也要摸清楚自己面對的市場，不只是概括的了解，而要掌握細節，然後提供志工完備的工具，讓他們幾乎萬無一失地出擊。最後我領會到的是，你並不只想訴諸感情或理智，而是兩者相輔相成才行。

海：一點都沒錯。發展計畫如果著眼於長期的成長，勢必得雙管齊下。

杜：我們還沒有正式討論到志工的問題。你們真的需要志工嗎？還是說電腦和電視可以取而代之？現在我看到有好多非營利組織都利用電訊行銷來募款。

海：很高興你又回過頭來談這個主題，我認為許多組織未來可能都會陷入危機，我希望他們已經體認到這點。回答你的問題：明年我們需不需要志工來幫忙籌款？科技幫了我們一個大忙，讓我們藉著電腦、郵件或電訊行銷就能夠對外募款，並交出一張漂亮的成績單，而不需要志工的支援。可是在這個過程中，你同時也失去了擁護群和志工，而機構的優勢和成長也一併消失了。這種錯誤令人扼腕不已。我把科技看成是協助志工提高工作效率的方式，絕不是取而代之的利器。而且我認為，任何組織如果認為不用志工，募款工作將變得更容易，終會犯下致命的錯誤。

杜：讓我來做個總結。我覺得你剛才對我提出最強而有力的論點在於：「基金發展」就是人的發展。當你提到捐助者或志工時，你正在建立的是穩固的支持群。在過程中你凝聚了他們的共識、強化了他們對組織的支持，同時也讓他們獲得心靈上的滿足感，這才是完成任務所需要的「支援基礎」，同時社區和每一個參與者也因而受惠。這些都需要根植於清楚的使命和詳盡而完備的市場資料、對志工和捐助者所提出的要求，以及機構自己的成果表現。我認為在最後這一項，非營利組織做得尤其差。捐助者從來都不知道捐贈的成果到底如何。

我想你的話對純粹地方性的小型機構更有用，因為地方上總有許多善心人士，但缺乏方向感。你見到了需求，卻無法傳達正確的訊息。我真心希望大家能聽進去你所說的話並善加運用，尤其是地方性組織，因為需求這麼大，單憑一片善心是不夠的。

10

行動綱要

非營利組織必得發展出策略來整合顧客和使命。策略的精華全在於執行：整合使命、目標和市場為一體，再加上掌握良機。

以對待顧客之心與捐助者周旋

策略可以將非營利組織的使命和目標轉化成具體績效，但是儘管策略如此重要，許多非營利組織卻嗤之以鼻。大部分組織都認定自己是在滿足別人的需求，那麼需要幫助的人對他們的服務當然也求之不得。問題的核心在於，太多非營利組織主管將策略和推銷攻勢混為一談。其實策略規畫始於了解市場：知道顧客是誰、顧客究竟應該是誰和可能是誰。策略規畫的重點並不在於把受惠對象當做非營利組織行善的對象，而應將他們看成要求滿足的顧客。非營利組織必須發展出策略來整合顧客和使命。

想要把非營利組織經營得成效卓著，還得時時透過策略進行改善和創新。其實兩者環環相扣，很難釐清界線。當海瑟貝恩和女童軍總會推出小菊花童軍專案時，從某些角度看來，這項專為五歲兒童設計的服務只是換湯不換藥的傳統女童軍活動，可是從另一個角度看來，就是項了不起的創新。然後非營利組織應該規畫出策略，擴大捐助者的基礎，以便從中找出固定的贊助群。

上述三項策略的產生都始於研究、研究和不斷的研究，以有系統的方式去找出顧客群，了解顧客心目中的價值何在。不是從推銷自己提供的服務（產品）著手，而是從最終目的「令顧客滿意」倒推回來思考。

研究的關鍵對象應該放在準顧客群身上，也就是明明是信徒、卻不再上教堂的這群人。傳統上企業都會對自己的顧客做調查，然後掌握有關他們的一切資料。然而就算你是市場上的龍頭老大，非顧客的數量永遠要比現有顧客多，所以潛在客戶的資料堪稱彌足珍貴。這群人真心需要、也真心想要這類服務，但現有的服務方式無法滿足他們。

二十年來，美國達到大學學齡的人數一直非常龐大，經歷這段高峰期之後，美國大學現在也不得不接受現實，主動出擊，對高中的升學輔導老師、有意升學的學生和他們的家長廣為宣傳自己的學校。儘管申請讀大學的人數急速萎縮，能夠有效運用行銷技巧的大學，還是收到了比預期數量要高得多的申請案件。

另一方面，你大概以為人們一定會熱烈支持防治心臟病的服務。沒錯，但唯有提供的服務適合他們的年齡和體重等狀態時，他們才會熱烈支持。生命和健康還是要靠自己去維護。

當話題轉到非營利組織的捐助者時，上述對策略的認知就更加重要。典型的非營利組織還在對捐助者大肆宣揚：「需求就在這裡。」而那些有辦法吸引捐助者並建立廣大贊助群的機構卻說：「這些是你們的需求，這些是我們的成果。這就是我們為你們所做的。」他們把捐助者當顧客對待。這就是策略規畫的精華所在：總是從對方的角度倒推回來看事情。要知道，遠在幾千年前，軍事策略尚處於萌芽階段，就已懂得要先知彼、才能知己。

訓練自己人

非營利組織的下一個策略是訓練自己人。醫院裡每個員工都應該處處為病人著想。這不只是說教，而必須藉著訓練來落實；不只是一種態度，而是實際的行動。老實說，態度訓練通常弄不出什麼效果，正確的做法是在行為上訓練員工：這就是你必須做的事。透過這類訓練，就算不直接和病人打交道的人員，像會計部門或清潔工人等，也會想辦法滿足醫師和病人這兩種「顧客」。

在非營利事業的管理中，不僅要訓練給薪的員工，更要訓練志工，在透過志工與外界接觸的機構裡，志工訓練尤其重要。

推行新活動或開始創新的時候，非營利組織更要審慎考慮和籌畫自己的策略，決定從何開始和從誰開始。想辦法從樂意嘗試新事物的人開始，同時別急著讓整個組織在初期就全力投入，因為這樣做一定會出毛病。

找尋你的機會目標，為創新策略踏出第一步。找出機構裡那些希望創新、相信創新又執著於創新理想的員工，這樣日後他們才會為創新而不眠不休，最後整個機構也將因這些人的個人成就而受惠。

策略計畫裡最糟糕的一件事，莫過於自得意滿地推出新事物，以為此後世界將因之而改觀，然後五年之後說：「喔，咱們做得還不壞，走的是特殊路線嘛。」這叫慘敗，也叫資源錯置。

不管是教會、猶太會堂、童軍協會、醫院或是大學，還可以把自己對顧客的了解運用在對未來成果的預測上。好好訂出自己的大目標，而且知道怎麼做才有效，不要和實際情況脫節。我們到底想做什麼？譬如說這所學院為了保持一向的規模和學生素質，必須收到這麼多入學申請表，但申請人也要具備一定水準，然後再由結果一路倒推回去，說：「嗯，我們在這部分做得不錯，但那部分就有待加強。」或是：「我們需要一個作風強硬一點的人來發號施令。」或是：「我們得另想一些點子去吸引想要的學生。」

策略規畫也促使機構放棄已經行不通、失效和沒用的東西。例如教會可能因為缺乏合適的牧師來帶領單身人士做禮拜，無法確保禮拜的品質，以至於放棄這方面的經營。美國心臟協會也必須不再把高齡民眾當成重要的潛在捐助者，因為人到了七、八十歲的古稀之齡時，心臟病發不過是眾多死因之一罷了。這些例子裡都提到了放棄，如果你在計畫時做不到這一點，很可能會讓組織負荷過重，或是造成資源錯誤分配。

非營利組織的主管面前總是擺著這樣一個問題：我們提供的服務能為顧客做到哪些對他們來說很重要的事？然後再一步一步地構思如何去組合和提供服務、規畫人力。更要弄清楚要做什麼？何時做？在哪裡做？最重要的是，由誰去做？

策略由使命出發，導出工作計畫，最後藉由適當的工具來完成，譬如給志工一套教戰手冊，告訴志工應該拜訪誰、要說什麼話、要募到多少錢。如果沒有這套工具，也就沒有策略可言。

掌握良機

最後一項有關策略規畫的重點在於利用機會，即掌握良機。大部分非營利組織所要滿足的需求可能都恆久不變，不過需求的表達各有其獨特方式，研究的功能就是要找出目前的需求是以什麼形式出現。尤其要特別針對早就該成為顧客、卻因服務的形式不合他們的意而沒有加入的潛在顧客做研究。這時不妨自問：「這件事能不能配合我們現有的優勢？我們能不能發展出滿足顧客需求的服務？」第三個要素就是把握住時機，一舉成功。

策略勢必會促使非營利組織採取行動。策略的精華全在於執行（將使命、目標和市場合為一體）和掌握良機。執行結果則考驗策略的成敗，策略從市場的需求開始，直到顧客滿意才算結束。在此你要知道顧客的滿意程度應該是什麼：無論是教會的教徒、醫院的病人、童軍協會的男女童軍以及帶領他們的志工，對他們而言，什麼才是真正有意義的事？非營利組織一定要尊重顧客和捐助者，好好聆聽他們的價值觀和滿足感，絕不能強將己意加諸於服務對象身上。

第三篇

經營績效

如何界定和評估績效

11 沒有了底線，該怎麼辦？

12 基本守則：應該做和不該做的事

13 有效的決策

14 讓學校負起責任
訪問美國勞工總會教師聯盟主席申克爾

15 行動綱要

11 沒有了底線，該怎麼辦？

非營利組織對本身績效所做的自我評估，在於是否創造出對未來的憧憬、標準、價值和奉獻精神，同時還激發出人類潛能。

非營利組織總不願把績效和成果放在優先地位考慮。其實與營利企業相比，績效和成果在非營利組織裡的地位更為重要，但也更難衡量和控制。

界定績效，創造需求

商業公司裡設有財務底線，光靠利潤和虧損兩項指標，雖然不足以判斷整體經營績效，至少也相當具體。無論企業主管喜不喜歡，評估績效時絕對少不了利潤這一項。可是當非營利組織的主管冒著風險做決策時，他們的首要之務是先深思熟慮該有的績效表現，至於衡量績效和成果的手段則留待以後再說。在每一個非營利組織裡，領導有方的主管都要先回答以下問題：本機構的績效要如何界定？以醫院急診室為例，駐院醫師看診的速度算不算是一種績效？心臟病患病發後幾小時的活命率呢？教會又該有什麼績效？有些人可能只注意參加禮拜的人數，但也別忽略了教會對社區的貢獻。兩者都是衡量績效的好方法，卻會導致教會經營手法的極大差異。關注愛滋病的機構不必煩惱民間是否需要它的服務，不過一定要表明自己的績效是要防治愛滋病，還是以照顧愛滋病患作為衡量的主軸。如果是前者，該機構就要想辦法開發自己的顧客群，尋找那些尚未得病、而對染病抱存僥倖心理的民眾。

非營利組織不能只說：我們為某種需求而服務。真正傑出的機構會去創造需求。以博物館為例，它們曾以文化監護者的角色自居，行政主管總認為應該將藝術和大眾隔離開來。今日大多數的博物館則自視為教育機構，想盡辦法開發追求品味、美感和靈感的顧客群。克里夫蘭博物館（Cleveland Museum）能成為世界一流的博物館，不只是因為館長擅長四處搜羅藝術精品，他同時也精於將「閒逛者」（譬如因避雨而躲進博物館打發時間的人）提升為固定的贊助者。館長使用像「重複銷售」這樣的名詞來衡量博物館的績效。他認為，提高重複銷售所占比例就是建立起老主顧群，也等於建立了社群組織，而不是休息站。

非營利組織開始為自己的績效下定義時，抽象的使命逐漸成為具體可見的行動，這時要注意抗拒兩項常見的誘惑。第一，不瞻前顧後，人們很容易就把自身的目標視為一切，認為別人不支持，是他們的損失。績效指的是將可用的資源凝聚在可達到成果的事物上，可不是亂開空頭支票。

其次，追求容易達成的目標，而不考慮到進一步推動組織的使命。別為了想要快點弄到錢，就過分強調一些說詞，像熱門或討好的話題等等。大學校方經常會遭到經費的巨大壓力，但因為接受別人捐贈而設立講座，在學校的行政部門和教職員眼中，這是與學校使命背道而馳的。

最近我也在為一家美術館煩惱類似的事件。一名贊助者表示要捐贈一批價值極高的藝術品給館方，附帶的條件卻會損害到美術館的使命，一個做法是謹守道德良心，拒絕這批餽贈，另一個做法是昧著良心，先接受了再說，反正捐贈者百年以後就管不到了，即使不夠誠實，也是出於良善動機。不過第二種做法勢必要付出沉重的代價，整個機構將對此冷嘲熱諷。這真是好大的誘惑。就算本館不要，另一家博物館可能未經深思就收下藝術品。

前述兩個誘惑其實如出一轍：非營利組織無法從績效中得到金錢報酬。就算非營利組織可以為自己提供的服務收費，像博物館賣門票或開設紀念品部等，通常賺到的錢不過是整體營運基金的一小部分而已。在一般公司裡，績效就是顧客願意從荷包中掏出多少錢來購買。非營利組織無法因自己的績效而得到金錢回報，但光靠良情美意也一樣得不到捐款支持。

以使命為出發點規畫績效

非營利組織的績效必須經過仔細籌畫，必須以使命為出發點，否則非營利組織一定無法展現績效。因為使命決定了他們需要達成什麼樣的績效和成果。然後非營利組織應該自問：誰是我們的支持者、贊助者？我們對每一個支持團體的表現如何？

營利和非營利組織最大的不同，在於後者常擁有多種支持者、贊助者。以前企業只要針對一種支持者做計畫，也就是考慮顧客和滿意度就夠了。不過這種觀念在美國已有所改變，企業在規畫時必須將員工、社會、環境甚至股東都納入考慮，搞得許多企業主管暈頭轉向。可是非營利組織一向都要面對不同的群體，每一群人都握有否決權。學校校長要設法讓教師、校董事會、納稅人、家長滿意，學校校長還必須考慮學生的滿意度，這五大群體都很重要，但各有各的目標，對學校的看法也殊為迥異。學校要想辦法滿足每一個群體，至少要讓他們不至於群起罷免校長、罷課或反抗校方。

三十年前，社區醫院都是由醫師經營，如果醫師說：「我打算讓你住院。」病人不能說不行。現在一切都改變了。今天醫院管理之所以變得這麼困難，其中一個原因在於有醫師病人之外的第三方付費者介入；為員工支付醫療費用的公司現在也變成了醫院的贊助團體，無論在醫療上或經濟效益上，醫院都需要滿足他們的需求。山姆大叔（即美國政府）也是醫院強而有力的贊助者，因為社區醫院有將近四〇%的收入都來自醫療保險，美國新興的私人醫療健保公司現在也成為另一贊助群。醫院員工當然也比以前重要得多，倒不是因為他們要求更多，而是他們的素質愈來愈高，多半是學有專精的專業人士。

近年來教區教會不斷擴增，多半是由於他們認清了年輕人、新婚夫婦、單身貴族和銀髮族的需求各有不同，因此教會必須針對每一種群體制訂出該有的績效目標，然後交付給能幹的神職人員去執行。美國有一間最大、最勢如中天的教會就因為找不到真正有能力的助理牧師來帶領單身教徒，而被迫放棄了這個群體。

非營利組織的首要之務、同時也是最艱鉅的工作，就是讓所有支持者和贊助者一致同意組織的長期目標。而把目光放遠是整合各方關注的唯一法門。

如果只看短期成果，則大家的方向可能南轅北轍，就像我在四十年前管理一個學術機構遭遇到的慘敗一樣。我總是把關注的焦點放在長遠的未來，但我也知道，想要交到朋友和影響別人，就要給他們一些短期的甜頭。我學到的一課是，除非你有辦法將所有支持者的願景整合為長遠的目標，否則一定會喪失別人的支持、尊敬和自己的信用。我被修理得焦頭爛額之後，開始去注意那些成就非凡的非營利組織主管如何辦到了我辦不到的事。我很快就了解到，他們一開始就先釐清非營利組織想為社會和人類帶來什麼根本改變，然後再將這個大目標投射在各支持團體所關注的問題上。

這種計畫的過程和營利企業的觀念完全不同。要想有系統地鋪陳計畫，非營利組織的主管先要摸清機構裡每一類支持者的關注重點；他們試圖了解選出來的校董事會想要什麼、教職員想要什麼、學生家長關心的又是什麼，更進一步要為他們界定清楚什麼是長程關注焦點。例如選擇素質夠好的中學，才能讓學生順利進入自己心目中的大專院校，就是家長和學生應長期關注的焦點；而擔心自己的孩子能不能進入心目中的學校就讀，只是短線問題而已。把支持群的目標整合成機構本身的使命，幾乎就像是一件建設工程，要有設計藍圖和建立架構的過程。一旦有了這方面的認知，應該不算是一件難事，不過做起來還是很辛苦的。

道德目標對抗經濟目標

訓練自己去預估該有的成果，可以防止非營利組織誤將道德目標和經濟目標混為一談，以至於浪費了資源。

非營利組織通常捨不得放棄任何東西。對他們來說，所有的工作都是「奉上帝之命行事」或「為崇高理想而奮鬥」。不過，非營利組織還必須分清楚道德目標和經濟目標。道德目標是追求絕對的善。五千年來，傳教士一直強烈抨擊通姦行為，很不幸的毫無效果，可見人性中的惡是多麼根深柢固。沒有成果表示努力得還不夠，這就是道德目標的精義。在設定經濟目標時，該問的問題是：這是不是運用有限資源的最佳方式？要做的事這麼多，不如將資源集中到能夠開花結果的地方。我們不能在明知事已不可為時，還大義凜然地一意孤行。

認定自己的所作所為無不合乎道德目標，因此不管有無成果都該堅持下去，這是非營利組織主管長久以來抗拒不了的誘惑，其董事會更是變本加厲。但即使目標本身有強烈的道德涵義，最好還是透過能獲致成果的手段來追求目標。值得追求的道德目標太多了，遠超過我們所擁有的有限資源，因此非營利組織必須對捐助者、顧客和員工負起責任，不能僅憑滿腔正義感就到處揮霍資源，而必須妥善分配有限資源，以求達到希望的成果。非營利組織的經營成果總是展現於人的改變上，包括改變人的行為、環境、憧憬、健康、希望，還有最重要的能力等等。在剛才的分析中，非營利組織從事的是醫療保健、教育或社區服務，他們在評估本身績效時，必須著眼於是否創造出願景、標準、價值和奉獻精神，同時還激發出人類潛能。由此看來，非營利組織亟需透過服務人群的觀點為自己設定目標，還要努力不懈地去提升目標，否則終將如逆水行舟，不進則退。

12 基本守則：應該做和不該做的事

非營利組織要注意一些應該做和不該做的事，忽略這些事不只將破壞組織結構，甚至會危害自己的績效。

非營利組織往往喜歡向內看，認為自己所作所為都是對的，而且因為竭盡全力獻身給崇高的理想，以致誤將機構本身當成奉獻的目標，但這樣將形成官僚作風。照這樣下去，很快地員工不再質疑：這麼做合不合乎我們的使命？而是問：它合不合乎我們的規矩？這種心態不只會阻礙非營利組織的績效，連帶也會摧毀願景和奉獻精神。

不該做的事

關於「不該做」的事情，我們以一家大型社區醫院如何應付護士不足的窘況作為借鏡。這家醫院精心設計出一套政策，要讓護士「感覺好過些」，可是護士的流動率反而變得更高，護士短缺的情況愈來愈糟。所有讓護士「感覺好過些」的方法，只會讓她們更清楚意識到，在自己該做的事和醫院准許她們做的事之間有一道鴻溝，不滿的情緒因此愈演愈烈。

另一家醫院則先問院內的護士：「你如何界定自己該有的表現？」所有的護士都回答：「我的貢獻應該在於好好照顧病人。」她們同時又表示：「你們塞給我一大堆雜事和文書工作，這和照顧病人一點關係也沒有。」解決之道很簡單：每層樓雇用一名助理，料理雜事和文書工作。這項措施終於讓護士得以專心照顧病人，做自己該做的事，護士的士氣因此大振，流動率降為零，醫院甚至開始轉虧為盈。同樣的工作可以由數目較少的護士完成，她們也樂於去做。結果醫院最後還為每名護士大幅加薪，而護士人數則保持不變。

在擬定每個步驟、決策和政策時，非營利組織都該先自問：這能不能改善我們實踐使命的能力？從最終的結果倒推回去，把注意焦點先向外看再轉向內部，而不是先向內看，再轉朝外看。

想要建立有效的決策過程，就得廣納不同的意見，對立和激辯完全於事無補，絕不可縱容，否則勢將摧毀整個組織的精神。

大多數人都以為對立和激辯意謂「性格不合」，其實不然，這些狀況通常代表組織需要改變。很可能因為成長過速，以致原有的組織結構不勝負荷，內部人員大都不清楚自己的職責，忙亂之餘就開始互相怪罪。我曾在一個機構中親眼目睹相同的狀況。起初機構內所有的志工和幹事都一致認為，該機構專門負責為行動不便的獨居者提供膳食，而歷年來，派送食物的志工總是會趁拜訪之便，為住在活動屋❺社區內的民眾提供一些護理工作，或是幫孤寂老人聯絡失去音訊的親戚、協助他們領取救濟金、帶他們去做復健治療等，總而言之，他們為上了年紀而且行動不便的低收入民眾，陸陸續續發展出差不多十二種不同的服務。但整個組織仍然把思考重心放在提供膳食上，內部人員經常為了諸如要向別人借車、上班遲到等瑣碎小事而互相抱怨。

如果你的機構出現了這樣的問題，就表示該檢討了。你的機構是不是仍然停留在昨日的組織結構，還是正力圖因應今日的局面？你本來只是一間溫馨的小型家庭式寄宿旅館，卻在來不及進行任何變革之前，一下子就要脫胎換骨成六百個房間的大飯店？嘈雜的聲浪提高時，代表內部騷動不安，顯示組織結構再也無法滿足實際營運的需求，這時你就該好好調整本身的結構了。

最後一項不該做的事，就是不要忍受別人的無禮。從很久以前開始，年輕一輩就憤憤不平地把禮貌看成是不誠實。他們認為表裡一致才稱得上是有教養。如果你說

❺指沒有打下地基的房子，搬家時可以把整棟房屋拖走。

「早安」❻而室外恰好正在下雨，那你就是偽君子。不過自然定律顯示，移動的物體互相接觸時就會產生摩擦。禮貌是平緩摩擦的社交潤滑油，但年輕人經常無法體會這層涵義。每個人都要學著懂禮貌，因此不甚投緣的人也可以一起工作。目標再崇高，都不能成為態度惡劣的藉口。無禮只會磨得人心性暴躁，而且留下永難磨滅的陰影。

應該做的事

在應該做的事當中，最重要的就是拋開層級觀念，強調資訊和溝通。從上到下，非營利組織的每一份子都應擔當傳遞資訊的責任。每個人都該學著問自己：要把工作做好需要些什麼資訊？向誰要？什麼時候要？怎麼要？另外一串問題是：我需要給別人什麼樣的資訊？以什麼形式和什麼時候給，才能讓他們做好自己分內工作？

六十年前，我剛開始工作時可說毫無資訊可言。組織疊床架屋，階層嚴密。現在我們的資訊量十分可觀，這表示組織也可以趨於扁平，大刀闊斧地去除從屬的層級，這堪稱是一大改進。今天我們了解到，每個管理階層都是資訊鏈中的一個接力站，每一站接收到訊息再往下傳時，訊息量將減半，而噪音量反而加倍。這同時也意謂著組織每一份子都必須善盡傳遞資訊的責任，否則，整個組織將被無意義的資料淹沒。

總而言之，在以資訊為基礎的機構內，員工都該對向上溝通負起責任。

就以一個老故事為例。一個世紀以前，在明尼蘇達州的小鎮裡，有一對兄弟都是醫師，他們創立了第一家現代化醫療診所——梅約診所（Mayo Clinic）。想想看，兩名鄉村醫師一口氣招聘了一群能力高超的專家，而且診所中幾乎沒有任何管理層級，在當時而言，堪稱是個創舉，沒有人認為可以行得通，可是他們辦到了，而且完美無缺。院內每一名資深醫師分別向其中一位梅約醫師直接報告。每個月每位科主任會擬一份詳細報告，敘述每一名病人的情況。在報告中，主管還會就診所的經營狀況或治療病人的方式提出改善的建議，或是建議診所還應該增聘哪些方面的專家或如何改善目前績效。不管是泌尿科專家還是眼科專家，每一科的主任都負有召集診所內不同領域的專家為病人會診的責任。當然了，這一切都發生在電腦時代以前。

在以資訊為基礎的機構中，員工得負起向主管和同事傳遞資訊的任務，而且更重要的是負起教育主管和同事的責任。然後，非營利組織的員工無論是支薪員工還是志工，都必須主動負起責任，讓別人了解自己。

要達到這一步，每個人須徹底思考自己應承擔什麼工作成果或對組織有何貢獻，然後寫下來。接著，每個人要確保組織上下和不同部門都已清楚知道他的職責所在。

❻「早安」（Good morning）同時意指今天早上不錯。

這種做法也有助於建立互信。信任是維繫組織的基石，信任代表員工知道可以對同事有何期待。信任並非友愛，更不是互重，而是互相了解，或者稱之為「默契」。非營利組織要比任何其他機構都需要默契，因為組織的運轉完全得力於眾多志工和其他不受約束的熱心人士。

此外，已取得終身聘任資格的教師和牧師並不是任何人的屬下，因此互信的關係就很重要。如果你不確定對別人該抱著什麼樣的期望，很快就會對他們感到失望。在非營利組織中，人們總喜歡假設別人也像自己一樣獻身給相同的理想。一旦他們感到別人背叛了自己，痛苦會更加椎心。因此相對於營利企業，非營利組織更應該清楚表達每個人的承諾和彼此間的關係，主動讓別人了解自己及負起教育同仁的責任。

大家都相信授權的意義，可是規則一定要清晰明確，才能發揮成效。首先，獲得授權的工作必須界定得很明確，對於進度報告和工作成果要有共通目標和彼此同意的完成期限。最重要的是，授權者和接下任務的人都心知肚明彼此的期望和承諾達成的目標。成功的授權還應該包括後續追蹤行動。很少人會想到這麼做，他們總以為自己已經釋出大權，一切到此為止。但別忘了授權者仍然必須為績效負責。所以絕不可輕忽後續的監督，不但要確保工作已經執行，而且結果還要圓滿。

最後，獲得授權執行任務的人還有責任向授權者報告任何始料未及的意外，不要只是說：「沒問題，都包在我身上。」

制定標準、工作安排和評估

為了讓每個人對自己的貢獻負起責任，並且讓同事清楚了解自己的職責，務必訂下標準。標準應該具體可行，譬如先前我曾提到醫院急診室的標準：病人抵達急診室後一分鐘內，一定有合格的醫師為他看診。

標準一定要訂得高，切勿妥協。美國人赴開發中國家工作時，常常就犯了以上毛病。他們會說：這些人沒受過訓練，也缺乏技術，我們先從低標準開始。如果你一開始就把標準訂得很低，那就再也提高不起來了。慢慢來不等於放低標準。當然了，新手剛上任時，一切要慢慢來，從錯誤中學習經驗，但是標準仍然該清楚可見。我的小學老師說過一些話，現在想起來仍然深富寓意。在二年級開學的第一天，這位老師在教室牆上貼了好些優美的書法作品，然後對我們說：「你們以後就該寫得像這樣。」沒有一個學生寫得那麼漂亮，許多人也許一輩子都辦不到，我就是其中一個。不過，從此誰也不敢以自己醜陋的字跡為榮。

美國有些非營利組織採取中央總部和地方分會齊頭並進的經營方式，這時明確的標準就益形重要。以前這類機構很少見，大部分規模極大，其中最古老的自然是天主教大教堂（Catholic Diocese），然後陸續出現美國心臟協會、紅十字會、童子軍協會等，現在還包括連鎖醫院和大學系統等組織在內。目前還有許多規模龐大的基督教會，為一些分支教會派駐人員和支援活動，這些分會都有自己的禮拜堂、信眾和從當地募來的基金。所有這些大型機構都得奉行一致的標準，但地方分支機構如地區委員會（council）、特許分會（chapter）、行政教區（parish）、主教教區和醫院等都必須自主管理，並自訂內部決策，因此要樹立明晰可見的高標準，才能調和在自主性和服從性之間的衝突。不過中央總部在採行這種聯邦制之前，應事先想清楚兩、三件事情：除了原則，還須闡明該做的事。在天主教會中，主教決定重要的人事安排，也自行任命教區神父。在童子軍協會中，由總部提供計畫資料、童軍手冊和諸如小菊花童軍這樣的新活動。總部也負責塑造整體形象，並負責建立與公眾和政府之間的關係。

此外，這類機構需要做好對標準的監控。這項任務最為艱鉅。此時主事者應該當機立斷，不能事事尊重他人；假設地方分會接到總會對某項事情的否決，就算不樂意也只能接受。如果總部同時還掌控升遷大權，像天主教教會那樣，這方面的任務就能更順利完成。不過在一般非營利組織中，地方分會都可自行招聘員工。因此，實施聯邦制的非營利組織，總部高階主管必須親自定期出外拜訪遍布各地的分支機構。在志願性的聯邦組織中，這是不可或缺的基本條件；地方上的表現有賴於凝聚地方力量，但大家仍然為超越地域界線的共同使命而努力奉獻。

總部的人員必須時時提醒自己：我們是為地方分會或分院服務的僕人。確定他們遵循標準是我們的職責；但我們只不過是他們的僕人，他們才是真正完成工作的人。我們可不是發號施令的主管，而是他們的良心。

另一方面，地方分會、分院、分區教會等一定要自我提醒，我們代表的是更大的機構。不管我們做了什麼、沒做什麼以及行事方式如何，在支持者眼中都代表了整個組織的行為、標準和特質。

標準要訂得高，目標更應野心勃勃，但也要切實可行，至少機構裡最優秀傑出的員工必須辦得到才行。因此，非營利組織應該努力使員工適所適才，人盡其能，如此一來，主管才有正當理由要求員工的績效。

非營利組織也需要有工作績效卓越的明星，以提升整個機構的眼界、願景、憧憬和表現能力。而最能肯定和榮耀他們的方式，就是讓他們成為同僚的榜樣。在召開大會時，不妨邀請他們上台發表經驗談，說明他們如何達到如此卓越的績效。要想鼓舞業務員的士氣，最好的方法莫過於讓優秀的推銷員站在同仁面前，對大家說：「這就是我的成功之道。」這比任何褒揚方式都更令人回味無窮。

員工需要了解自己的績效如何，志工尤然；在沒有薪資獎勵的情況下，成就感是他們唯一的報酬。目標和標準一旦完整建立，評估的工作就變得可行。當然了，這原本應該是主管的責任，但有了明確的目標和標準，員工也能自我評估本身的績效。

評估一個人應該先看他做得好的部分，千萬別從最差的部分開始。一個人的工作績效是建立在他的長處上，所以要著眼在他能做的部分，而不是不能做的部分。任何機構都有責任發揮員工的長處，並試圖消除他們的弱點。這是組織的根本試煉。

強迫員工與外界接觸

還有一項基本規則：強迫你的員工，尤其是主管，經常與外界接觸，了解組織存在的目的。單從組織內部產生不了成果，有的只是成本付出，但許多人沉溺在內部的小天地裡，與現實脫節。高效能的非營利組織會鼓勵自己的員工經常到第一線工作。

舉例而言，有一家非常成功的大醫院，每位員工（包括會計師和工程師）每年都要擔任護士助理一星期。此外每隔一年，這些員工都會以假名住院二十四小時。有句老話說，生過病、當過病人的醫師，方知如何做個好醫師。

不要讓員工永遠坐在辦公室裡，定期將他們輪調第一線服務。在軍隊中，增進戰力的一計老招，就是每隔幾年就將軍官輪流下調到部隊中。

13 有效的決策

有效的決策能說明整件事的主題何在。從機會著手思考，然後注意風險的問題，尊重異議，同時想辦法讓它產生正面作用。

不管在營利或非營利組織中，主管真正花在做決策上的工夫其實很少。他們通常用更多的時間去開會、見客或打探情報。但是別忘了，唯有透過決策才能整合一切，組織的成敗興亡全繫於此。在主管該盡到的一連串要務中，其實有一大部分可以由他人分擔，但決策者則非主管莫屬，而他們要不就做得成效斐然，要不就弄得一團糟。

成效最差的決策者時時刻刻都在忙著做決策；成效卓著者則剛好相反，只需集中精神在少數幾個舉足輕重的決策上面。不過就連勤奮的決策者也常常不能善加分配時間。他們常本末倒置，花費過多的時間去處理一些簡單、甚至不相干的決策，卻枉顧重要的決策。

決策的核心

欲使決策見效，最要緊的就是自問：到底這項決策在講什麼？決策真正的內涵往往不像表面上所顯示，表面上看到的通常只是症狀。

二十年前，美國市郊一個女童軍協會感覺到區內的種族結構變遷速度相當快，該區人口一向以白人為主，女童軍的組成份子也一樣。而現在區內的人種愈來愈複雜，非洲裔、拉丁美洲裔和亞裔紛紛大量遷入。很顯然地，女童軍協會得想辦法為新居民的孩子提供服務，但要在極度窮困的社區舉辦童子軍活動的成本也很驚人。聽起來這個決策要解決的不過是財務問題：應該怎樣去籌款？答案似乎也很明顯：為不同族裔分設不同的童子軍團。協會擔心，要不然會因此影響了富裕的白人族群提供財務支援的意願。

還好後來有一位隊長問：到底這整個決定與什麼有關？我們的使命是要籌款？還是做好社會建設？大家很快就明白這個決策攸關基本原則，必須打破分會以前所有的先例。從前可以利用種族來區分童軍團，如今則不管財務風險有多高，都不應該再汲汲於區分黑人、白人、義大利人、猶太人或越南人……而要強調年輕女孩就是年輕女孩，她們都是年輕的美國女孩，這才是決策的真義所在。一旦看清楚這一點，決策本身就決定了一切。經過協會詳細解釋之後，整個社區也毫無異議地接受了這項決定。

一所地位相當重要的大學面臨非常嚴重的預算困難，以至於必須裁減課程。哪些課程應該首當其衝呢？乍看之下，這純粹是個財務問題：什麼地方花的錢最多呢？校內頓時爆發一場內戰，教職員之間爭吵不休，差點毀了學校。後來終於有一位校務董事指出：「我們偏離了主題。應該集中討論的是，我們要把重心放在為成人提供繼續受教育的機會呢？還是以教育年輕人為己任？這才是決策真正的核心。其他的都不過是執行而已。」一時之間，眾人為之爭得臉紅脖子粗的真正理由就浮現出來了，其實決策無關乎預算，而是與美國高等教育的未來和該校在其中所扮演的角色有關。這才是大家應該激烈爭辯的議題。這類決策屬於整體策略的一部分，不能用半調子的方式潦草解決。如果學校的未來繫於成人教育，那麼就絕不能裁減課程，而應向外籌款以開源，否則就沒有前途可言。

機會和風險

有決策就有風險。有效的決策更需要投注大量時間和精力。因此主管應該拿捏清楚，絕不做不必要的決策。說到這點，非營利組織中往往只不過因為兩名員工不和，就大費周章地進行重組、調動人事，其實這兩個人已經吵了二十年，不管如何安排，以後還是會繼續吵下去。非營利組織總要一次又一次地飽受教訓之後，才會醒悟到該放手不管，隨他們去。

做決策時也切忌瑣碎。我住的地方離洛杉磯六十英里之遙，共有四條高速公路通向城裡，每一條路的哩數都一樣，通常很難預估哪一條路會塞車。不過決定該走哪一條路並不是決策，例行性的決定並無後果，或者說沒有預期的後果可言。不要浪費時間在這裡。

做決策還必須考慮機會和風險。一個人該從機會、而非風險開始著手思考：如果這樣行得通，對我們會有什麼好處？然後再注意風險的問題。風險共有三種：

第一種風險是我們承受得起的風險。如果事情出了差錯，由於損失輕微，隨時可以重新來過。第二種決策則後退無路，失敗會造成重大損失。最後一種決策的風險很高，但是非做不可，且聽下面的例子：四十年前，紐約布魯克林的一個社區在很短的時間內，由白人藍領階級住宅區變為黑人貧民窟。區內一家主要醫院幾乎在一夜之間失去了所有的病人，醫院病床只剩下十二%有病人，醫師紛紛隨病人求去，因此維持醫院營業的成本高昂，但整個社區仍然需要醫院的服務。幾經掙扎後，院方決定繼續營業，並在未來的三到五年之內向外募款，直到恢復病人的人數規模。結果這項決定幾乎以慘敗收場，可是在決策當時，如果院方想要貫徹它的使命，就勢必得硬著頭皮去承受繼續開業的風險。

聽聽不同的意見

就我所觀察過的一流決策者而言，以羅斯福總統為首，都謹守一個簡單的原則：如果眾人在重大事情上出現意見一面倒的情況，絕不要貿然下決策。將整件事暫時擱置一旁，以便大家有時間再詳加考慮。決策重大表示風險相對也很大，眾說紛云是很自然的事。大家異口同聲贊成，正表示沒有人做好份內的準備功課。

如前所述，想要決策有效，就要先弄明白什麼才是問題真正的核心，這時必然會出現異議。如果決策是在眾人的鼓掌聲中一致通過，幾乎可以確定大家看到的只是表相，不是真正的議題所在。你需要聆聽不同意見，同時要想辦法讓它產生正面作用。

大約七十年前，美國一位政治學家傅蕾特（Mary Parker Follet）就說過，如果組織中出現異議，你絕對不該問誰說得對、甚至什麼看法才是對的。你應該假設每一派的意見都很正確，但各自回答了不同的問題。每一派眼中所見到的真實都不盡相同。

前面曾提到一個例子，講到幾年前一家大醫院的醫療人員因衝突而四分五裂，其中一派主張應該讓眼科移出去。許多眼科手術已經可以隨處進行，如果把眼科獨立出去，不必分攤大醫院龐大的管銷成本，反而更具經濟效益；另一派認為這種作風無異是整個醫院進行大改組的第一步。兩派的看法都很對，但都只看到部分事實。

與其爭論誰對誰錯，還不如假設每一派給的都是正確的答案。但是，他們想要回答的問題有什麼不同呢？於是，你一步一步了解雙方的想法，然後再設法拉近兩者間的距離，讓他們達成共識。到了這個地步，你就可以說：現在我們關心的並不是眼科要不要獨立出去的問題，這不過是一個事件而已，可是這個決定會帶領我們踏上重組醫院的不歸路。如果我們一致認為，把眼科獨立出去才是本院未來正確的組織結構，那就不要只從經濟效益的觀點來討論醫院或眼科手術。這樣就能讓大家了解問題。你不妨將異議看做促進互相了解及尊重的一種手段。

如果決策不幸失敗或者成命難以收回，將對組織存亡產生重大影響，可想而知內部員工碰到這類決策時，情緒必然甚為激昂。聰明的做法就是視之為一種有建設性的異議，而且是達成共識的關鍵所在。

如果你可以引導有異議和持反對意見的人了解什麼才是問題真正的重點，就能產生內部團結和認同感。有一句古老的諺語從亞里士多德時代一直流傳下來，後來成為早期基督教的格言：萬源歸一，行事如行雲流水，而萬事取決於信任。信任的意思就是可以公開發表異議，而且被當成是忠誠的反對意見。

這對非營利組織來說尤其重要，由於參與者皆以獻身崇高理想自居，因此往往要比營利機構更容易出現內部衝突。這樣一來，意見不同不只是你我各持己見的問題，倒變成了信念之爭。所以，非營利組織要特別小心不要被內部鬥爭和猜忌所蒙蔽，務必要將異議搬上檯面公開討論，並慎重待之。

鼓勵唱反調的另一個理由，在於任何機構裡都應該有一些異議份子。組織一旦面臨變局，需要有人願意挺身而出，同時有能力擔當改革大任。這種人不會說：「有對的方法，也有錯的方法，還有我們的方法。」他會先問：「現在用什麼方法才對？」你不希望組織裡只有「應聲蟲」，你要的是廣受尊敬的批評家。

把異議搬上檯面討論也有助於非營利組織的主管拋開不必要、無意義和瑣碎的衝突，集中心力解決真正的問題。許多小問題一旦公開討論之後，大家就會恍然大悟它們原來無足輕重。當然了，衝突總是存在，譬如手術房的人和內科的人看事情的角度就可能很不一樣，但他們的意見能切中目前問題的核心嗎？如果不能，你大可以借用我十三歲時一名宗教課老師所說的：「小子們，去拚個你死我活吧，不過不能在我的班上。」到外面去打個頭破血流好了，不要把內部弄得烏煙瘴氣。這樣做也許化解不了衝突，卻可以讓衝突變得無關緊要。如果能辦到這一點，你將遙遙領先眾人。

再舉一個例子：沒多久以前，我在一家博物館的會場，親眼目睹了一場會議演變成內戰的局面。會中眾人互相吼叫，直到一位睿智的長者對大家指出兩派的說法都很正確。一派力主要有一棟新大樓，他們的立論是一家現代化的博物館可以作為當地社區的傲人資產，因此這一派的擁護者都認為，會議的主題是有關大規模的擴張。另一派則恰恰相反，只想把精力集中在一小部分絕世精品上，每一件收藏品都是頂尖的藝術品，樹立藝術品收藏的完美典範，比較偏向十九世紀收藏家的心態。當時能得到在場諸人共識的，大概就只有「博物館」這三個字了。

兩派一旦互相理解對方的立場，就發現他們爭辯的問題和會中討論主題一點關係也沒有。總有一天他們會決定要採納哪一種政策，屆時一半的董事都會辭職，也許另外再辦一家博物館也說不定，但那並不是當時開會的目的。明白了這點，會場立刻回復平靜和諧，有人甚至還笑了起來。

衝突的解決之道

異議和唱反調可以用來化解衝突。如果讓大家公開各抒己見，人們就會覺得自己的意見受到重視，你也可以趁機了解誰是反對者、反對的理由是什麼。許多時候你還可以想辦法居間調解，讓他們有台階可下，並接受決策。同時敗戰的一方多少也可以了解贏的一方持有什麼樣的見解，雖然不見得因此就心悅誠服，至少看清對方並非冥頑之輩或居心不良，不過是見解不同罷了。如此一來，你就化解了爭端。你或許無法預防大家意見相左，卻可以化干戈為玉帛。

另一種可以援用的化解衝突之道，特別是當事人在地方上都很有威望時，便是要求這些水火不容的人士坐下來，面對面地想辦法達成一些共識。

第三種方法則在於緩和衝突的場面。你可以表示：「讓我們先找出大家都同意的部分。」這樣一來，往往唱出來的反調就變成是枝微末節了。大家既然有了共同的立足點，總有辦法解決問題，這才是最重要的。有時候你也可以說：「大家都各退一步吧。」或者：「讓我們先把這個問題擱置一旁。」又或者：「這真的這麼重要嗎？」試著將歧見輕描淡寫帶過，而對所見略同之處加以刻意著墨。

這些絕非什麼新奇招數，在《舊約》中便可看到很多例子。要保持任何部族的團結，族中長老總是先找到共同的立足點。我們無法預防衝突，但可設法讓它變得……倒不是不相關，而是次要。要做到這一點，最佳利器莫過於善加利用組織內的異議。

由決策到行動

決策代表採取行動的決心，可是有太多的決策只落得在大言夸夸的階段原地踏步，究其原因總共有四：第一，很多人只知道向別人「推銷」決策，而不懂得在「行銷」上下工夫。在西方社會中，我們總是很快做好決策，接著就向各部門大力推銷既定的決策，這通常需要費時三年，等到大家終於點頭表示同意時，決策早已過時了。對此，日本人的做法值得我們借鏡：他們早在做決策之前，就已經先為有效執行打好基礎。在日本企業中，凡是會受到決策影響的每一個員工，尤其是直接參與執行過程的人員，公司總在通過決策之前先徵詢他們的意見。在西方人看來，這種作風簡直慢得叫人不敢置信。等到日本人終於通過決策的時候，西方主管大概早已忙著到處去推銷決策了。不過，日本人才不來這一套，決議頒布的第二天，全體員工就已完全了解，開始行動。

決策搞砸的第二項原因，在於不由分說、立刻要全體上下奉行新政策或推出新服務，完全忽略了該安排測試的階段。大家別忘了在本書第一篇，女童軍總會總裁海瑟貝恩女士在專訪中表示，先在機構內部鎖定一批機會目標群，然後集中火力對他們下工夫。不要太過野心勃勃，想在一夜之間改變所有人。

我個人喜歡在三個不同的地方各找一個人試驗新主意。四十年前有一些人士將物理治療技術引進美國的醫院，這是我從他們那裡學到的經驗。當時到處都是反對的聲浪，大多數醫院聲稱這和他們的業務沾不上邊。改革人士於是繞道而行，根本不碰這些睥睨之士。他們在三個社區中各選了一家亟欲引進這種新技術的醫院，這三家醫院分別為：一家大型的教學醫院，院中有許多老年病人和中風患者；一家半鄉村式的小醫院，經常要處理工業和農業意外事件；最後是一家中型的市郊社區醫院，處理的病例都是一般常見的傷害，諸如骨折、風溼病等。改革人士與這些醫院合作了五年，最後美國所有的醫院都躍躍欲試。

五年之後，物理治療方式早已和當初的設計不同。三名開路先鋒的實驗經驗顯示：心理輔導加上病人家屬同心協力，和生理復健一樣重要，可達事半功倍之效，這是他們最初沒有料到的。產業界的人都知道絕不可跳過實驗階段，社會計畫和社會服務也一樣。

第三個警告是：必須有人負責執行決策。除非有人願意出面扛起執行的任務，負責提出工作計畫、設定目標和完成期限等，否則就不要做決策。光靠決策本身不會有什麼成效，人才能將決策付諸執行。

最後一個常見的錯誤是，我曾見過一些很棒的決策卻一敗塗地，因為沒有人真正全盤思考個人該有的職司。應該以什麼方式和每一個執行者溝通決策內容，好讓他們可以真正做些事呢？每個人需要接受什麼訓練嗎？用什麼教材？我曾見過一項決策，以令人讚賞的數學模型呈現起重機司機需要完成的工作，效果當然很差，你不但要將決策轉換成執行者熟悉的語言，還得合乎他們的思路才行。新的行為必須嵌入給他們的指示和訓練課程之中，並反映在報酬裡。之後你還要親自追蹤調查，不要只相信報告內容，到工作現場去看看吧，要不然一年之後才會發現大夥兒什麼也沒做出來。

每一項決策都代表了一種承諾，承諾將現有的資源投入不確定的未來。單就這點而言，根據最基本的或然率推估，決策出差錯的情況遠遠要比對症下藥的情況來得多，所以最低限度必須加以修正才行得通。在一九六〇、七〇年代，美國醫院所做的任何決策，尤其是醫療保險中有關償付辦法的部分，幾乎都不脫因應政策轉變而急就章的做法。結果醫院的病床忽然間供過於求。這正是在為未來做決策時經常會出現的結果。

做好的決策總要經過兩項保證方可放行。第一，事先要想好可行的替代方案，萬一情況有變才有退路。第二，在決策中就先講清楚誰該負起處理變局的責任，以免到時大家為了誰對誰錯而爭吵不休。非營利組織的一大弱點在於他們深信自己永遠不會出錯，這種迷思遠遠要比營利機構來得嚴重，企業多少還知道錯誤是不可避免的。因此非營利組織絕不容許犯錯。一旦真的出了差錯，必將上演軍事法庭般的審問情景，不斷問是誰的錯？其實，該先討論的問題是：誰來收拾爛攤子？誰來領導計畫或執行工作重新出發？

14

讓學校負起責任

訪問美國勞工總會教師聯盟主席申克爾❼

非營利組織應將視野放在長遠的目標上，確保自己正朝著它邁進，這樣你就能為自己贏得信譽。

杜：申克爾先生，你一直在領導一場艱苦的聖戰，希望能提高教學素質，讓老師可以為自己的表現負責，並試圖讓老師成為學校主力。你如何界定學校該有的績效？

申克爾（以下簡稱申）：要討論這個問題就要先問：我們打算培養出什麼樣的人才？許多辦教育的人都從非常狹隘的眼光來看待這個問題，像是考試成績、大學學力鑑定考試（SAT）❽或其他狹義的成績表現。其實教育的績效共可分成三個層面來看：其一當然是知識；其二是具備進入社會、成為公民並在經濟活動中展現績效的能

---

❼ 申克爾（Albert Shanker），前美國勞工總會與產業勞工組織的教師聯盟主席。

❽ 為美國高中生所設計的統一測驗，作為大學入學的學力鑑定標準。

力；第三則與個人成長和參與社會文化活動有關。

不幸的是，我們對衡量這些收穫所下的工夫還差得太遠了。

杜：不過，一個人必須具備那些看得到、可供衡量的知識技能，才算打好基礎，這個說法聽起來還是相當有道理的。不管怎樣，在界定什麼才算教育的成效之前，總要先訂下優先順序吧！

申：我認為最重要的是從較長遠的角度來評估教育的成效。當你衡量每學期或每學年的小小收穫，你的眼光就盡在一些沒什麼意義的事情上，諸如學生準備考試讀的東西往往十分瑣碎，一個星期之後就失去了任何意義，甚至沒有人會記得。

杜：我想我自己就是一個活生生的例子。我的學業成績都很棒，真正學到的東西卻很少，也不太愛讀書，可是我很會考試。

申：讓我說明一下到底學習是什麼。譬如老師教授自然課，他們就把各種鳥類圖表掛在教室四周，在課堂上播放幻燈片，要學生辨認出圖片中的鳥類名稱。檢驗成果的方式就是來一次考試，讓學生回憶一遍鳥類的名字，可是學生的記憶沒辦法維持很久，幾個月後就只剩下對鳥類的永久厭惡感了。

我小時候曾參加男童軍協會，他們有一種鳥類研究獎章，一定要觀賞到四十種不同的鳥類才能獲得。小童軍很快就發現，只到街角的小公園去繞一圈是不夠的，一定要早起到沼澤或森林中觀察鳥類才行。通常你並不想一個人去，總要拉一、兩個好友同行。沒多久你會發現，自然界的鳥和圖片上的並不一樣。這樣連續幾個月之後，你心中開始升起一股權威感，因為旁人認不出來的鳥，你往往毫不費力就叫得出名字。

關鍵在於，學校在為年輕學子規畫學習過程時，要想辦法讓學習成為個人生活的一部分，切記不要讓它變成以背誦為主，以致立刻成為過眼雲煙。像我一樣經驗過童子軍學習活動的人全都愛上了賞鳥，而且長期保持這個嗜好。

杜：這件事的啟示就是，第一，要把學習的責任放在學生身上，而不是老師的教學上。這是不是你觀察績效的重點？

申：基本上，學校的規畫方式就是把大量的活動和工作堆積在老師身上，學生則坐在台下等著，但願他們有專心聽課就好了。然後你根據成績設計一些懲罰和獎勵辦法。學生既不負責任，也沒有投入太多心力，學習成果當然微不足道。

杜：這樣說來，過去好幾百年來，我們的重心都放在老師該教得多好，而不是學生要學得扎實上面？

申：學校在組織時所根據的假設是：學生是待改造的對象，而不是去執行改造的工人。學校就像辦公室，學生在其中要讀報告和寫報告。但是在這個辦公室中，我們分配給每個學生一張桌子，然後對他們說：「你的老闆，也就是老師，會告訴你該怎麼做。但每隔四十分鐘你就要換一個老闆，他會分配不同的工作給你。」現在大概沒有人會這樣安排辦公室的工作了。這種環境下的學生不是專心投入工作的工人，倒像是工廠裡四處運送的原料。這樣當然是行不通的，因為學習過程根本不是這麼回事。

杜：我從小學四年級起就密切觀察老師，那時我有幸受到兩位優秀老師的教誨。我自己在二十歲當了老師，至今還沒見過對兒童自有一套辦法的老師。所有我見過的好老師往往不分大人小孩，最多只在教學速度上有所調整。不管是什麼樣的功課，都是以大人的程度為準。功課本身可能是初學者的程度，但設立的標準可不見得是同一回事。我至今念念不忘的四年級老師在許多年後曾說，沒有爛學生，只有差勁老師而已。這暗示出老師的職責應該是找到學生的諸多優點，然後讓他們有所發揮，而不是視學生為待修的瑕疵品。

申：我教書的時候，校長或副校長極少詢問我學生是不是學到了東西，或者有沒有把心思放在學習上。我的班級很難纏，大部分是剛從波多黎各來美國的青少年，在語言上先天就有困難。那時候我很希望有人能助夠我一臂之力。有一天，教室的門開了，校長就站在那裡。彷彿經過了三十分鐘那麼長，其實大概只有三十秒鐘吧，校長說：「申克爾先生。你教室的地板上都是紙屑，看起來很不專業，可否請你把它們撿起來？」然後關上門就走了。

杜：這件事讓我領悟到，學校必須集中精力在績效和成果上，而不是教條和規則，因此當然要界定清楚本身的使命。

申：需要的就是這個，同時也需要一套系統去完成使命。我們不能妄想校董事會的董事不回應支持者的要求，也不會期待校長不注意自己在公眾前面的形象，或不擔心合約到期會不會續約。

杜：現在我想將話題移轉到你在自己的機構，就是這個龐大的美國教師聯盟中所展開的工作。一九七四年，你接掌總會執行長的職位時，這個工會成長得很快，也頗富爭議性。你上任做的第一件事是什麼？

申：我做的第一件事就是設法將工會帶離前十五年所關注的方向。讓我先倒述一些事情。最初我以老師身分、後來變成以員工的身分來建構工會時，最艱苦的一場仗莫過於試圖說服老師，他們絕對有權在經濟上追求個人權益。用工會來代替專業協會的主意實在是一個詛咒。不過到我接手美國教師聯盟時，該會已經走過頭了。在他人眼中，教師每年都要罷工抗議，既不關心學生，也無心於教育問題。當時社會上的反彈非常強烈。由於教育普及和高等教育擴充的緣故，大眾的教育程度要比以前更好，因而對公立學校的問題也更吹毛求疵。學校和老師的形象下滑，我們必須面對私有化、學費免稅額和取代公立教育制度等諸多威脅。

我上任後做的第一件事，就是發展與商界的新夥伴關係。我們必須辦一份專業期刊，而不是工會期刊。我們不能再被看成是一群膽大妄為、吵著要罷工和抗爭的人，而應該是一群有見識的教師，否則整個行業都將因此而沉淪。

整個教師行業衰退所引起的衝擊，遠比教師工會或學校董事會所能承受的來得深且廣。公立學校讓不同種族和宗教信仰的人能夠一起受教育，用老派說法來講，一直是促進「美國化」的一種制度。在這個國家中，如果這樣的制度走下坡，可不只是美國教師聯盟需要頭痛的問題，因為私立學校大部分都是以天主教、新教、猶太教、非洲裔、拉丁美洲裔等宗教、種族或語言為導向，甚至還有以政治為導向的。如果將來絕大多數的孩子只能在與自己同文同種或同類的人群中長大，對國家未來的影響就會很大。所以，我們的方向是要遠離對立，然後著手拯救陷入嚴重危機的教育制度。

杜：你剛談到的是任何組織在經營時都會碰到的關鍵問題，也就是在長期和短期目標之間取得平衡點。你剛上任時必須推展長遠的目標，其中組織的生存和成功變成了長期的存亡關鍵。另方面，你又必須維護夾在中間的目標，照顧老師的眼前利益，為他們在下學年合約中爭取更好的待遇。你如何在兩者之間取得平衡？

申：很難。我們知道教師在抗爭時需要有個工會，可是他們需不需要藉由工會與管理階層合作呢？我們還不知道。

杜：你剛才說的一番話很重要。這對整體工會運動都很重要，而且不只在美國而已，在所有已開發國家中，工會都要面對這樣的問題。但這也不只是工會的問題，國際慈善組織向大眾展示伊索匹亞兒童挨餓的照片之後，各方捐贈立刻如潮水般湧到。但是要想取得資助去預防伊索匹亞的饑荒和從事開發工作，那可就難了，因為要花八到十年才能見效。工作人員可能因此會說：「別談什麼長遠目標了，這只會讓大眾覺得困惑。我們還是想辦法感動他們，多多展示快餓死的嬰兒吧。」

到最後，這就是自我毀滅。五年、八年之後，大眾終究會覺得厭煩。我曾經與一些醫院合作過，二十年來大家都在說，我們的長遠目標是要讓病人健康走出醫院，如果不趕快行動，隨著醫藥技術的進步，我們一定會面臨嚴重的危機。每個人都說，對呀，這就是長程目標，可是別老掛在嘴上說來說去，醫師不喜歡聽，護士不喜歡聽，捐贈人士也不想聽。病人開始在醫院外接受診療時，許多醫院都覺得措手不及，但少數積極建構外設診所的醫院都表現得很出色。

申：這正是我們開始在一些學校體會到的經驗。那些追求長期目標而非短期目標的學校，卻發現短期目標更符合所需。譬如說，好幾年前在紐約州的羅徹斯特市，教師會和管理階層一起冒險開辦了一些頗富爭議的計畫，諸如：讓經驗豐富的老師去訓練新手；同仁互相評鑑；決定哪些老師才夠格去訓練其他老師，並為受訓者打分數，最後決定哪些人無法通過試用期的考驗。我們在俄亥俄州的塔立多市也施行同樣的計畫。這兩個地區都有很多衝突紛爭，像罷工，還有民眾遷移出學區或轉入私立學校。不過教師會和管理階層在關係上的一百八十度大轉變，以及他們改善彼此角色和關係的決心，著實引發了許多人的關注。商界人士站出來說：「我們應該多加支持。」媒體也紛紛表示支持。

結果是，兩個城市的市政府和當地的教師會都在薪資方面達成了協議，條件超乎尋常的優厚。在羅徹斯特市最近的合約中，往後三年間表現最優異的老師每年的年薪可高達七萬美元（上一次的合約則是四萬美元）。這對其他城市是一大激勵。這是一種非常、非常不同的做事方式，而且也是對整個行業的基本承諾。

杜：基本說來，這個經驗對非營利組織的啟示，就是要將眼光放在長遠的根本目標上，不斷地朝著它邁進，就能贏得信譽，還要明確定義績效標準，並為績效負責。

申：對。我想社會大眾可能對許多公共機構已經放棄希望，因為他們覺得這些人捧著鐵飯碗，有社會安全保險、終身聘書和公務員條例的保障，卻毫不長進，只知日復一日地重複同樣的工作，也不管有沒有成效。

杜：唉，很多時候大眾都是對的。

申：是呀！他們真的沒錯。但是就連學校這樣的老舊機構，也有辦法脫胎換骨。

15 行動綱要

非營利組織的人士應該重複不斷地問自己和機構一個終極的問題：「我該為什麼樣的貢獻和成果居功？這個機構又該為什麼樣的貢獻和成果居功？我和機構可以讓別人記得的是什麼？」

績效是任何機構的終極試金石。所有非營利組織都以改變眾人和社會，作為存在的目的。但是，對非營利組織的主管而言，績效也是一個非常難纏的問題。

經常有人問我，企業和非營利組織之間有什麼差異。差異其實不多，但都事關重大，其中最重要的差異可能就在於績效。商業機構通常將績效訂得太狹隘，只注重財務上的盈虧。如果你只根據做生意所秉持的績效衡量標準和績效目標，那麼你大概沒辦法將非營利組織經營得很出色或存活長久。這個積效觀點實在太狹隘了，不過倒也相當明確具體。在此你不須辯論我們也許可以做得更好，因為像利潤、市場占有率、創新或現金流量等概念都很容易以數量表現，不容易被人忽視。

以短期成果發展長期任務

非營利組織不設財務上的底線，卻常常容易輕忽了績效的重要性，認為：我們是本著一片善意來為眾人服務的，我們奉上帝之命行事；或者說，我們是在改善大家的生活。這樣是不夠的。如果營利企業虛擲資源、做不出成果來，他們損失的都是自己的錢；非營利組織用的都是別人（捐贈人士）的錢，提供服務的機構要對捐贈者負責，要對資金是否運用得當和產生績效負起責任。因此，這部分需要非營利組織主管特別加以關注。徒有滿腔好意，只是在為邁向敗亡之途鋪路而已。

儘管如此，非營利組織還是很難回答以下的問題：本機構的「成果」是什麼？當然真要回答的話，也並不是毫無可能。其實有些成果甚至可以量化成數據。以救世軍為例，它在本質上是個宗教組織，不過，該機構可以提供成功幫助酗酒者恢復身心健康的比例，還有罪犯重生的百分比等數字，這些都是高度量化的數據。但是對許多非營利組織而言，要明確定義成果實在是一件煩人的事，他們仍然認為只能從品質的角度來衡量努力的成果。如果有人問一些機構：「你們在資源運用上的成效如何？得到了什麼回收？」必然會遭到他們毫不留情的譏嘲。有時候不得不引用《新約》中的寓言（Parables of Talents）❾來提醒他們：我們的職責是投入目前擁有的資源（人才和金錢），以達到數倍的回收。這就是一個量化的觀點。

成果有很多種。其一，你可以得到立即的成果。然後依賴這些短期成果發展長期任務。要明確界定你到底有什麼成果也許並不容易，可是你的做法一定要能經得起別人問：「我們現在是不是漸入佳境？有沒有改善？」以及「我們投入的資源是不是都能產出成果？」

我們要再三提醒自己，非營利組織的成果往往顯現於外部，而非組織內部。救世軍的成果遍布在酗酒者、娼妓和挨餓的人群中。學校教師的成就則是一批好學向上的學生。

善意和希望是否足以成為缺乏成果的護身符？在十七世紀和十八世紀初期，少數耶穌會教士想辦法混進了中國，他們都是飽學之士，咬牙忍耐加諸身上的指控、苦難和危險。這些教士非常認真傳教，年復一年停留在中國——毫無成果可言。但他們一直保持希望，不斷尋找少數能夠接受基督教的人士。在這段期間，他們漸漸變成受人尊敬的智者，像天文學家、數學家和畫家一樣，可是，這段辛苦耕耘如同將稀有的資源澆灌在無法開花結果的土地上一樣。在天堂中，只要罪人肯悔改就能得到喜樂，不

❾ 按才幹受重用的比喻。參〈馬太福音〉二十五章十四至三十節。

過我也確信，能運用資源得當而實踐使命、目標和績效，必也能得到老天厚愛。因此在很久以前，耶穌會就已不再為了渺茫的希望而浪費教會的人才。

每個人都要以使命為出發點，這點現在已變得愈來愈重要了。以組織機構與個人立場而言，你希望別人記得你什麼？使命遠遠超越今日的一切，但也引導著今天的發展。如果我們忽略了使命，就會開始誤入歧途、虛擲資源。只要循著使命走去，就可以達到具體的目標。

關注基本績效範圍

非營利組織一定要為關鍵績效的範圍制定出清晰的定義之後，才能設定該有的目標。只有在這個時候，非營利組織才能問：「我們是不是正在做自己該做的事？如今這個活動還算恰當嗎？」還有，最重要的是：「我們所得到的成果是不是都很出色？是不是足以證明我們傾注心血在其中？」然後，你可以轉移到下一件重要的事情上：「我們是不是仍然停留在恰當的範圍中？要做改變嗎？還是要放棄？」遠在一百二十八年前，救世軍就開始為倫敦的街頭遊民設立避難所。當時沒有人關心這些不幸的女性，她們都是些貧窮的鄉下女孩，到大城市討生活。救世軍現在仍然關照著街頭流鶯，卻早已停止為年輕無知的鄉下女孩子提供寄宿的服務，因為現在這些鄉村女孩已身懷一技之長，而且世故成熟。因此，雖然這是該機構創始時的活動，救世軍還是放棄了這項使命。

非營利組織所關注的每一項基本領域，都應該定義績效。清楚思考本身機構該涵蓋的基本績效範圍，這不是為任何一個組織，而是為你所屬的機構，然後再逐項集中討論。

在非營利組織中，由於每個人都極欲為理想奉獻，你會經常遭遇到德皮利在訪問中提到的挑戰：激勵人們去表現，好讓他們得以自我成長。這樣他們才會有成就感，心滿意足，而且這一切都將落實在組織整體的績效表現上。這才是精髓所在。

要得到成果，還要靠力量的凝聚，絕不能任意揮霍。像救世軍這樣的重量級機構，只集中精力在四到五種活動上。機構的幹事可以大膽地說：「這種工作不適合我們，其他人來做會更好。」或者「我們想要做的最大功德不在這裡，這不是我們的專長。」非營利組織的主管最該了解的事情就是：「我們在那方面的能力不足，只會敗事有餘。不能只憑著那裡有需求，就貿然置身其中，我們必須與自己的優勢、使命、重心和價值觀相契合才行。」

善意、優良的政策和決策，一定要能轉化為有效的行動。「這就是我們在此的原因。」這句宣言最後一定要成為另一句宣言：「這是我們的做事方式。這是我們做這件事所花的時間。這是應該負責的人。換句話說，這是我們的職責所在。」成效卓著的機構莫不理所當然地認為，徒有漂亮的計畫和政策宣示無法完成工作，唯有當工作完成時，才真正完成了工作。而完成任務要靠完成期限的壓力，靠人們同心協力的努力，靠經過訓練的專業技巧，靠敬業負責的人。

我認為，非營利組織的人士應重複不斷地問自己和機構一個最重要的問題：「我應該負責達成什麼樣的貢獻和成果？這家機構又該負責達成什麼樣的貢獻和成果？我和我的組織可以讓別人記得的是哪些事情？」

第四篇

人力資源和人際關係
和支持者之間的關係

16 用人的決策

17 多重的人際關係

18 從志工到不支薪員工
訪問天主教會教區神職總執事巴特爾神父

19 成效卓著的董事會
訪問富樂神學院院長哈博

20 行動綱要

16 用人的決策

關於組織用人的決策，應該時常問下列三個問題：我們正在招納適當的人嗎？我們留不留得住人才？我們有無計畫地開發新人的潛力？

用人的決策可說是一家機構的最後一道管控機制，或許也是唯一的管控機制。工作人員的素質決定了一個機構的績效能有多大，因為有什麼樣的人才就有什麼樣的機構。一般來說，除非是像弦樂四重奏這樣的小組織，否則沒有什麼機構敢奢望自己請到的都是出類拔萃的精英，他們只能指望自己可以請到並留住一批還可以的人才。可是，優秀的非營利組織主管必須試圖激勵工作人員，讓他們超越自己。事實上，機構的績效受制於人員的生產力，而這又受到基本用人決策的左右：請誰上班、請誰走路、把人放在什麼位置上、讓誰升職等等。

這些涉及到用人決策的品質，遠遠要比公關或動聽的言語更能決定機構是否認真經營，以及它的使命、價值觀和目標在大眾的眼中是否令人覺得真實而有意義。

逐步評鑑，才能知人善任

好的用人決策是什麼？這方面可說古有明訓，但真正能奉行的人不多。任何自認為知人善任的主管，到頭來所做的決策總是最差勁。知人並不是人類與生俱來的本領。那些幾乎百發百中的伯樂，通常從一項很簡單的前提開始相馬的決策：他們可不自認為是知人善任的人，他們一開始就堅信，要有評鑑過程。

醫界教育家表示，他們遇到最難纏的問題，是教導才華洋溢、自信十足的年輕醫師學習如何耐心地診斷，不要只憑著一己的眼光就遽下結論，否則會醫死人的；主管也一樣，不要只依賴自己對人的獨到眼光和知識，而要以看似平凡、沉悶但盡責的步驟，一步一步做評鑑。

正確的做法是，「擇才」的過程要以實際任務為起點，而不只是以職務說明為起點。其次，主管要強迫自己再多看看其他的人選。我們總有個習慣，以為自己對「恰當」人選早已胸有成竹，可是腳踏實地的非營利組織主管就不能衝動行事。他們應該同時考慮不同的人，以防自己由於私人交情、偏見或習慣而被蒙蔽。第三，在評估人選的時候要對事不對人，焦點應該集中在這個人的績效表現上，而不是人格。千萬不要一開始就在意此君是否和別人合作得來，或者是否勇於表現等這類常見的無聊問題上。這些特徵用來形容一個人的性格可能很有意義，但對他們的表現水準而言無濟於事。該問的問題是：這些人在前三次的任務上表現如何？成不成功？然後第四，注意他們的特殊才幹，看看他們在前三次的任務中嶄露出什麼樣的才華。

一旦你做成決定、要用某人了，最後一步是去聯絡或拜訪兩、三位他以前共事過的舊識。如果他們說，我唯一的遺憾是某某不再為我工作了，那麼立即通知雀屏中選者聘用事宜；如果他們說，我不想要他回來，那你就得多加考慮了。

挑選了一名員工擔任一項職務並不表示決策過程到此為止。第二個階段是在九十天後，這時你可以對新進員工說：「你上班已經九十天了。想一想你該做些什麼事才能成功，然後回來告訴我。」等他帶著報告回來時，你就可以判斷是不是選對了人。

培育人才要看表現

任何機構都得培育員工，毫無選擇可言；機構要不就幫助員工成長，要不就變成他們的絆腳石；要不就造就員工，要不就是摧殘他們。對美國人來說，幸好即使打從一九五〇年代開始學校正規教育漸漸在走下坡，非正規的教育和訓練活動卻如火如荼地展開，以參與的人數和花費而言，現在這些活動的規模足可與正規教育相媲美。其實我真希望我們能把一些大型非營利組織的員工訓練經驗移轉至學校，供其借鏡。其中的佼佼者學到如何評鑑和判斷績效表現，然後利用這批工具去豐富工作內容、提升對員工的要求。並藉此加以改革。

我們對於「員工培育」了解多少？其實可不少呢！我們都知道有許多事是不該做的，千萬不要犯下列這些顯而易見的錯誤。

第一，不要企圖在一個人的弱點上建立什麼。學校基於教育的需求，不得不把焦點集中在孩子做不來的事情上。當你接到通知要與你十歲孩子的導師開會時，老師大概不會對你說：「你孩子的字寫得很漂亮，他應該多寫寫字。」她比較有可能說：「你的孩子數學很差，需要多練習九九乘法。」從學校的觀點來看，這種做法十分可行，因為他們不知道十年、二十年甚至三十年之後，這個孩子會從事什麼行業，所以學校必須灌輸孩子基本的技巧，同時想辦法改善他的弱點。可是，如果你希望員工做出成績，你要看的是他們的優點，而非強調他們的缺點。人到了開始工作的年紀時，性格通常已經定型。你可以期望成年人在禮貌和行為舉止上多下點工夫，並且學習各項技能和知識，但我們必須接受每個人的性格，不能強求他們改變成為我們喜歡的模樣。

第二，不要用狹隘而短視的眼光去對待培育員工這件事。特定的工作總不免需要特定的技能，但是培育工作原就不限於此，還要為了事業和生涯而進行。特定的工作必須與長期的目標相契合才行。我們學到的另一件事，就是不要建立接班的儲備人選。有一段時期（現在有些機構還是一樣）曾經很流行在新進人員中，挑出頗具潛力的新人。我和機構合作的時間至今超過五十年了，而我的經驗是，在二十三歲時頗被看好的人，與到了四十五歲時該有的表現比較，兩者之間的相關程度實在很低。我認識許多在五十歲時不可一世的風雲人物，在年輕時代卻往往讓人覺得表現平平。許多意氣風發的人在跨出商學院大門時，莫不以前幾名的成績畢業，但工作幾年之後就後繼乏力了。所以，要看的是一個人的表現，不是成功的可能性。

我認識一位數一數二的人力培育專家。他是一名牧師，任職於一間規模頗大的教會，許多一流的領袖都出自於他的教會，數目多得令人驚嘆，因此有一次我要他告訴我，為什麼他的教會能夠成為志工領袖的訓練大本營。他告訴我，他們試圖給參加服務工作的年輕人四項指標：一位指點迷津的導師；教導技巧的老師；評估進度的裁判；鼓舞受訓的人。然後我又問他自己擔任什麼角色，他說：「我是打氣的人。除了最高階的人以外，其他人都無法扮演好鼓舞打氣者的角色。年輕人非常迫切需要『打氣筒』，因為我希望他們犯錯，不這樣他們就沒辦法開發自己。所以當他們仆倒在地的時候，總要有人從旁扶起，然後鼓勵繼續走下去。這就是我的角色。」

把焦點放在表現，而不是潛力上，這樣非營利組織才能設定嚴謹的高標準要求。標準易放不易收。因此，對新手要多付出點耐心、讓事情好辦些，他可能要花時間去重複嘗試，但是優良的績效只能根據一種標準來衡量，這點他一定要做到。

適才任用，然後評估績效

我學到了兩項培育人才的要領，對於理解「該做什麼」十分有幫助。第一項就是殘障協會的口號：「不要雇人去做他們辦不到的事，讓他們做辦得到的事。」你可以將失明人士派到需要對聲音敏感的工作崗位上，他們在那裡會如魚得水。另一項是我在十一歲時就學到的智慧，當時我的鋼琴老師大發脾氣地對我說：「彼得，你給我聽好，你永遠無法像鋼琴家那樣彈奏莫札特的曲子，可是我實在看不出來，為什麼你無法像他們那樣把你的音階練習彈好。」

接著，非營利組織一定要學習如何根據員工的專長去調派工作。馬歇爾將軍是一位偉大的領袖，他在第二次世界大戰時是美國陸軍的參謀總長，在知人善任方面堪稱箇中翹楚。他總共提拔了約六百人出任將官、分區司令等職位，其中幾乎沒有一個庸碌之輩，而且這些人以前都沒有任何帶兵打仗的經驗。假設大家在討論人事任命，馬歇爾的幕僚會說：「某某上校是我們最好的教官，可是他的態度很粗魯，和主管向來處得不好。如果國會要召他前去聽證，一定會弄得一塌糊塗。」馬歇爾會說：「任務內容是什麼？是訓練分區軍團嗎？如果他最擅長的是在訓練官兵方面，那就給他去做。其餘的讓我來處理就好了。」結果，馬歇爾在最短的時間內創建了有史以來最龐大的一支軍隊，有一千三百萬人之多，而且極少失誤。

這個故事提醒我們注意的是，先把注意力放在別人的長處上，然後立下嚴苛的要求，並不厭其煩地評估績效。你該坐下來與員工說清楚：這是你我去年共同承諾要做的事，現在你做得怎樣了？哪一部分你覺得做得很好？

要想見到所有的努力開花結果，使命一定要簡潔明瞭。它讓人覺得非輕易可達成，同時又能提升人的視野。它也必須讓每一個人充滿自信，相信自己可以改變現況，做出不同凡響的貢獻，讓這個人說：我來世上這一遭沒有白活。

最糟糕的事，莫過於把社會上的階級惡習移植到機構裡，因而限制了培育員工的工作。有些機構會毫不含糊地表明，哪種人才是他們的寵兒，或者你一定要捧著哈佛商學院的（企管碩士），否則一切免談。其實，真正算數的是績效，因為人絕非一成不變的動物，所以你要看的不只是一件工作，而是一連串工作所累積的績效。一般人不見得都和主管相處愉快，假使你讓某人擔任某項職務，結果並不是那麼適任，事情就辦不通了。因此，你要讓他們再試試其他的工作。老規矩是，如果他們肯嘗試，就讓他們試；如果他們不肯虛心學習，讓他們去為競爭對手工作對你會更好些。

非營利組織的一大優點是，員工大都不是為了生計才工作，而是為了一種理想

（並非所有人都這樣，但絕大多數都是）。這也造成了機構的責任格外沉重，既要小心翼翼地保持大家的熱情之火繼續燃燒，還要賦予工作特殊的意義。

就我看來，在維護這種精神方面，醫院的表現最差。因為院內許多工作都只是例行公事，而又有部分原因是醫務人員需要護著自己，不想因看多了病人的苦痛而陷入深淵，所以變得麻木不仁。就一名優秀的行政人員或護理長而言，對領袖特質的考驗，就是一而再、再而三地把眾多其他部門的人員召集在一起，然後問他們：我們有什麼足以自豪的地方？我們到底起了些什麼作用？我們曾在同一個晚上連續接了六件心臟病急診，但每一個都安然度過了危險期！你應該把心思集中在成就輝煌的地方。

我住所附近有一家兒童癌症病院，就在帕沙迪那的希望城。院中氣氛十分愉快，因為大家的重心都放在工作成就上，也就是讓瀕臨死亡邊緣、痛苦掙扎的兒童享受他們僅剩的童年。儘管受盡折磨，院中的人都能對這項使命心領神會。其實大多數的工作不過是把剛嘔吐過的孩子清理乾淨，但大家都覺得自己是在做一件意義重大的事。

使命感是非營利組織的力量泉源，而且如滔滔洪流般奔流不止，不過它是有代價的。非營利組織的主管總是捨不得讓事情做不好的人走路，他們通常認為對方曾是同甘共苦的同志，所以想盡了藉口要留人。讓我再重複一遍這項簡單明瞭的規矩：如果他們願意嘗試，就再給他們一次機會，否則的話，確實得請他們走路。

讓員工成長

有成效的非營利組織還應經常自省：我們的志工有沒有長進？他們有沒有提升使命的願景、學到更好的技巧？這些機構不會把工作人員當成一成不變的資源，而是一股不斷在變化、生生不息的力量。許多傑出機構的行事作風，在很多方面都與女童軍總會的做法契合。他們評量自己員工和志工的培育及成長進度，就和在評量年輕女童軍的培育成果一樣。要確保志工可以負責任，他們必須能夠獨當一面，發號施令。在童軍總會中，工作人員從小組隊長、營隊隊長和徽章教練開始做起。然後他們可以開始接受任務委派、領導團隊和製作資料。接下來，他們就可以晉升到分會和總會的領袖級崗位。

培育工作人員最重要的方法，就是讓他們當老師。好老師學得比任何人都多。選拔某個人來擔任老師也是一種很好的褒揚方式。不管你交談的對象是推銷員或紅十字會的工作人員，褒揚對方最好的方式莫過於問：「告訴我們你怎麼會做得這麼好？」

最後一項培育人才的手法，對全職人員尤其重要（相對於不是全職上班的志工而言）：由於正式編制的員工很容易變成組織的內部產物，只看得見自己人，所以你應該把他們推出去，多接觸外面的世界，譬如到本地高中或大專學院上成長課程等。

我們常聽到有人抱怨，許多主管並不希望部屬有一流的表現，因為會帶來威脅感。但是，一流的部屬正是講求成效的組織所夢寐以求的。義務性組織在這方面就占了有利的條件，通常表現優良的志工並不想爭取受薪主管的工作，不會對組織造成威脅。我來講一個關於大作曲家馬勒與交響樂團的故事。十九世紀末，馬勒在維也納一手創辦了交響樂團，他對團員的要求十分嚴格，搞得連樂團的贊助人國王陛下都忍不住召見他，問道：「你不覺得自己做得太過分了嗎？」馬勒答道：「陛下，比起樂手現在加諸在我身上的要求而言，我的要求實在算不上什麼，因為他們現在可要比以前表演得好太多了。」你希望績效優良者為自己施加壓力，你希望他們問：為什麼我們不能做得更多？做得更好？

建立團隊

機構愈成功，就愈需要建立團隊。老實說，就算非營利組織的領袖能力極佳，員工都全心奉獻，還是經常會馬失前蹄、舉步維艱，就是因為他們沒有建立團隊。一個機構永遠成長得比人快，如果沒建立起團隊，即使有卓越的領袖帶領著一批「幫手」，所能發揮的作用其實相當有限。然而成員如果不能在工作崗位上有系統地賣力，團隊也不可能自然而然地建立起來。

要想建立一支成功的團隊，要以工作任務為開始。這時你該問的是：我們想要做什麼？我們的核心活動是什麼？我曾經從旁觀察一個工會，它利用成效斐然的團隊管理，一躍升為美國成長最快的工會。這位領袖是個自大狂，但他很清楚如何提出正確的問題：我們想要做什麼？答案是：為低薪、缺乏特殊技能的醫院勞動工人成立一個工會。下一個問題是：有哪些核心活動能達到我們的目標？直到這個時候你才能問：最高層的十二名幹事有什麼過人之處？活動和技能可以互相配合嗎？短短一年之內，該會建立起一支士氣如虹的團隊，在不到十年的時間裡，工會會員由原有的五萬名增加到將近一百萬人的規模。而且，團隊裡每一個成員都對其他人要做的事了然於心。請記住，你要先了解每個人的長處，然後運用他們的長處，並發揮在核心活動上。

一個常見的錯誤觀念，就是以為大家都同在一個團隊裡，所以想法和做法會很相像。這可不見得，團隊的目的是要盡力讓個人發揮所長，盡力讓個人的短處變得無關緊要，不會影響成敗，焦點應擺在每個人績效表現和長處上，期能匯聚成共同成果。

個人的工作效能

一旦做出合適的搭配，員工的個別效能就要取決於兩樣要素。其一是這個人要徹底明白自己要做的事，不能亂了頭緒沒有方向。其二是這個人要想清楚自己該把哪些事做好，並為自己的行為負起全盤責任。有了這部分認識之後，進而對所有休戚相關的人士如主管、同事和部屬表示：「這是你可以幫助我的地方，那是你會妨礙到我的地方，而我又能夠幫你什麼？妨礙了你什麼？」八〇%的工作效能就是從這裡出來的（但你不要寫字條，直接口頭問就好了！）。

每六個月重複一遍上述的步驟，你會發現許多阻礙都應聲而解。主管的首要責任便是協助真心想要做事、受雇去做事、應該有能力做事的人，把事情做好。提供他們該有的工具和資訊，然後徹底清除絆腳石和拖慢速度的包袱。要找出這些障礙只要開口問就行了，不要用猜的。

非營利組織在成長的時候，主管一定要鼓勵每個階層的工作人員自我反省：我們的管理高層真正該知道什麼？我稱之為「教育高層」。這種行為促使員工暫時脫離自己的業務、所屬部門和各自的需求，向前看得更遠，可以加強員工對組織的向心力。

有一句老生常談的說法：「每個士兵都有權要求分派到一位勝任的長官。」講求成效的非營利組織主管也有責任，對任何有需要的地方都能派遣勝任的員工。允許不勝任的人留下，就會愧對組織、組織的使命和大家的期望。

也許你已注意到，第一流的藝術家從來不會厭倦自己的工作，但一般人如果數十年來都重複相同的工作，通常會覺得厭煩，解決方法就是將他調往新環境。我常看見一些會計部門的主任辭掉在企業的職務轉到醫院工作後，儘管工作內容沒變，但突然間他們似乎年輕許多。這些身心俱疲的中年人通常只要一些新挑戰，就能回復生機。

更艱鉅的難題在於，非營利組織的主管經常在對能力的要求和對慈悲心的要求之間無所適從。下不了決定的主管會搞砸事情，要學習去說：「我們犯了個錯誤，我只好忍痛割捨。」這種做法比較乾淨俐落，而且沒那麼痛苦。

接班的問題

最關鍵、也最不容易做的人事決策，就是領導者接班的問題。說它最難做，因為跨出去的每一步都是一種賭注。領導者唯一的考核表現就是領導的績效，這實在很難事先預做準備。每次選美國總統的時候，我們都祈禱上帝不要捨棄我們；對於沒有那麼重要的企業或非營利組織最高位置也是一樣。

不應該做的事都很明顯：你要找的不是一模一樣的複製品，以取代即將卸任的執行長。如果卸任在即的執行長說：「某個人看起來真像三十年前的我。」這個人毫無疑問就是件複製品，而複製品通常都很懦弱無力。對於一名十八年來都在主管身邊、從來沒有單獨做過決策的跟班，你必須多多觀察，深懷戒心。一般來說，願意做、又做得來決策的人不會在助手崗位上停留過久。對恩寵在身的神聖皇太子也最好敬而遠之。這種人十有八九都會想辦法避開要看績效、衡量績效和可能犯錯的情況。他們是媒體的寵兒，而不是腳踏實地的苦幹者。

選擇接班人有什麼建設性的做法？注意一下領導者的任務。同時看看在這所社區學院、醫院、男童軍分會以及教會裡，往後幾年要面臨的重大挑戰是什麼？接著再檢視候選者和他們的表現。把需求和經過驗證的績效表現搭配起來。

決定非營利組織成敗的最終關鍵，就在於吸引和留住人才。一旦失去了這種能力，組織就會走下坡，要扭轉頹勢就難了。

我們正在招納適當的人嗎？我們留不留得住人才？我們有無培育和發揮新人的潛力？我認為這三個有關組織用人的問題你都要問。我們有沒有吸引到值得託付整個機構的人？我們有沒有去開發他們，好讓他們青出於藍？我們有沒有留住他們的心、啟發他們，並賞識他們的成就？換句話說，我們的用人決策是為明日預做打算嗎？還是只想把今日的狀況應付過關就好？

17 多重的人際關係

非營利組織有太多重要的人際關係，董事、員工、志工、社區民眾、捐助人士、政府機關和舊有受惠者都是擁護群，必須和他們建立有效的關係。

非營利組織和營利組織之間的其中一項基本差異，在於典型的非營利組織擁有更多重要的人際關係。大機構、大企業除外，一般商業機構要處理的人際關係其實不多，只有員工、顧客和老闆三方面。然而，所有的非營利組織都有多重的支持擁護群，需要一一建立有效的關係。

董事會的角色和義務

先由董事會說起。在大多數企業中，董事會通常很少管事，除非公司出現危機。相對而言，在典型的非營利組織中，董事會卻深入參與組織的運作。說真的，非營利組織的主管和員工經常抱怨董事會太愛插手管理事務，而且董事會和管理部門之間的分野常常遭破壞。行政人員對董事會這麼「愛管閒事」也都深覺反感，經常抱怨。

要想有效經營，非營利組織需要一個強而有力、能扮演好董事會角色的董事會。董事會不單要協助釐清機構的使命，也是使命的守護神，同時還要確保讓機構實踐自己的承諾。董事會也有責任確保機構的管理作風是有效能、是恰當的。董事會的角色就是評鑑組織的績效表現。危機來臨時，董事會的董事還要幫忙穩定局面和救火。

董事會同時也是非營利組織中首要的募款體系，這個重要的角色反倒不見於營利企業中。如果非營利組織董事會不能主動出面領導基金募款的工作，這個機構就很難取得營運所需的資金。在我個人來說，我欣賞的董事會不但要能說服別人捐錢，而且還要以身作則，率先把錢捐給所屬的機構。

一個真心了解自己的義務重責，並為績效設立目標的董事會，絕對不會逾越本分、好管閒事。但是董事會的角色和權限如果模糊不清、界限不明，就會橫加干涉種種細微末節，卻不盡自己該盡的義務。

就我所見，任何非營利組織如果擁有一個強有力且管理得當的董事會，執行長必定默默地在背後完成了很多辛苦的差事，除了要延攬恰當的人加入董事會之外，還得讓他們團結成為一支團隊，並指點他們朝著正確的方向去做。在我的經驗裡，執行長就是董事會的良心所在。這也許可以解釋為什麼實力堅強、辦事有成效的董事會，差不多都採用提名的程序。我很少在合作社性質的組織裡見到強有力的理事會，因為他們的理事都是由會員選出來的。連理事長都沒有權力對理事人選表達自己的意見，更遑論執行長了。像這類的理事會代表的是少數會員的意見，不是整個組織，至少我觀察到的現象是如此。這些董事會很容易產生問題，譬如興風作浪者會乘機大搞政治，好漁利自己或出風頭。

在非營利組織的董事會議室門上，應該以大字鐫刻著一句警言：董事會的董事不代表權勢，而是代表責任。一些非營利組織的董事仍然一廂情願地認為，現在的董事會與舊日的醫院董事會沒有兩樣，即獲得社會的矚目，要比承諾服務人群來得重要。其實，董事職位不只意謂著要對機構負責任，更要一併挑起對董事會本身、機構內的員工及機構使命的重任。

如此一來就出現了一個非常有爭議性的問題：年齡的限制。對許多資深人士而言，在服務形式的機構裡當董事一職是他們生涯僅有的最後一項活動，他們已經從其他活動退休了，所以往往抓緊這個位置不放。我一向極力反對設定年齡限制，但說到董事會時，也不能不勉強同意董事一職最好限定只能做兩任，每一期三年，之後每個人都該先行引退。也許三年之後你可以再捲土重來。不過要是你已經七十多歲了，那麼就靜靜退出董事會，而且永遠退出吧。

另一種常見問題，是意見分裂的董事會。每逢有特別事情出現，董事會的董事都會為基本的政策分歧吵得不可開交。這種局面更常見於非營利組織，因為使命太重要了，也應該很重要。根據我自己的經驗，董事會的角色已愈來愈重要，同時也愈來愈富於爭議性。在這種時候，主席和執行長之間的團隊合作就是成敗關鍵。

相輔相成的雙向關係

只有相輔相成的雙向互動才能成事。每一個機構都想要、也需要有閃亮的巨星，但是在精彩的歌劇中，巨星與整體演員陣容牢不可分。演員陣容烘托出巨星；而在大聲樂家的精彩表演中，配角們也頓時一掃原本的平庸，每個人突然躍升到新的境界。這就是透過有效的雙向關係所獲得的回報。

優秀的非營利組織執行長在與員工、董事會、社區、捐助人士、志工和舊有受惠者開始建立互動關係時，不會對他們說：「這就是我要告訴你的事情。」反而會問：「你有什麼要告訴我的？」這樣才可以把困難攤開來討論。有趣的是，如果你把問題明朗化之後，大部分的難題總能因此而不解自通。我有一位朋友把這種難題叫做「鞋裡的小石子」，遇到這種情況，你不需要大驚小怪，忙著找足部外科醫師來診治。良好的互動關係能把許多難題一縮而為鞋裡的小石子。

關係要經得起考驗，不在於雙方該如何解決問題，而是在出了問題之後，業務還能照常運作。問題不會因此而變得不相干，但是它們不會阻礙大事。

社區裡的各種關係

家訪護士組織、癌症協會、社區學院以及其他非營利組織，都是為了某些社群的權益或需求而提供服務。每一個機構都必須和政府機關、其他的社群組織和社會大眾維持良好關係。這不單純只是要建立很好的公關而已（但當然，你最好能維持良好的公共關係），更重要是以提供好的服務來實踐組織的使命，這就是為什麼志工如此重要的原因。他們是社群的一份子，是宣揚機構使命的好榜樣。聰明的非營利組織會訓練志工成為自己組織的代表，同時也應該容許志工們有極簡易的管道，能夠將社會對你們機構的各種疑問回報中央。

某個地區有三家互相競爭的醫院，其中一家醫院廣受居民的肯定，可是無論用什麼客觀尺度來衡量，它都是最差的一家。這家醫院到底做了什麼事，使它這麼突出？原來，病人出院兩個星期後，醫院會打電話詢問：「張太太，我代表醫院探問一下你現在的情況。」如果張太太表示自己的情況並不怎麼好，醫院會在一個星期後再打電話來問候。之後醫院會寄給她一份門診時間表，同時表示：我們希望你不必再進醫院，但仍然很關心你等等感性的問候語。大家都知道這不過是例行公事而已，可是這家醫院確實做到了，並說出整個社區都愛聽的話：我們沒有忘記你。

有太多服務機構忽視了自己的舊有受惠者，像舊有的病人或畢業生。我認為，要改善機構在社區內的地位，是每一個非營利組織主管輕而易舉就能辦到的，只要稍用點心就可以見效。

18 從志工到不支薪員工

訪問天主教會教區神職總執事巴特爾神父⑩

提供志工該有的該有的訓練和支援，可以幫助他們做好工作，成為非營利組織最佳的不支薪員工。

杜：巴特爾神父，儘管你們教區的神父和修女人數都比以前少，但教會所提供的服務項目反而在規模和範圍上都大幅擴張。你到底是怎麼做到《聖經》中五餅二魚⑪的奇蹟呢？

巴特爾（以下簡稱巴）：一方面，是經由非神職人員取代神父和修女的工作，不過主要是靠志工來拓展工作，教區裡由他們擔任的工作比例愈來愈大。我們現在至少有兩千名志工在為教會做事，而且當然了，他們大都是女性。

杜：這很特別嗎？我認為天主教會一向都有很多女性志工。

巴：當然了。不過以前的志工屬於「幫手」性質，現在的志工則是「同事」。事實上，我們甚至也不應該再用「志工」這樣的字眼，應該稱他們為「不支薪員工」。目前他們滿多人都位居教會中的領導地位，負責實際會務工作。

杜：這麼說來，同樣一個人，四十年前可能只在復活節的時候幫忙插個花，現在卻負責教導或照顧學齡前兒童，或者管理醫院的入院部門，或者出任教區議會的主席一職？

巴：沒錯。這對我來說真是一項大轉變。

杜：你們怎麼做到的？

巴：這樣的需求變得愈來愈顯著，尤其是在教區的層次上。我想，需求首先出現在為年輕朋友而設的宗教教育課程，教會沒有修女可去做這方面的工作，有時甚至連帶活動的人手也沒有。因此我們開始試著徵求非神職人員來做。起初只是試著做做看，後來我們發現，這是件很不錯的事，而且在很多方面還可以加強、鼓勵並豐富志工的生涯，讓他們來幫忙做事。教區主事也許會邀請大眾來參加宗教教育活動。我們盡量提供該有的訓練和支援，好讓志工做好他們想做的工作，像是週六的研習會或是與宗教教育負責人的晤談討論等。

❿ 巴特爾神父（Father Leo Bartel），天主教會在伊利諾州洛克福地區的教區神職總執事（Vicar for Social Ministry）。

⓫ 意指一點點東西就能發生極大的功效。見〈約翰福音〉第六章一至十四節。

我們有一項有名的活動，叫做「洛克福地區宗教教育會議」，我們安排非神職教師到洛克福去三、四天，參加那裡的研習活動。此外我們還有一項計畫由教區贊助，叫做「非神職人員的教職訓練計畫」，只挑選各分區內資格特別好、而且興致勃勃的非神職人員參加。受訓完畢之後頒給結業證書，顯示他們是各分區中合格的領袖人才。

杜：你們提供什麼樣的訓練？要受多少訓練才行？

巴：在非正式神職人員的領導計畫中，正式的訓練要超過兩年。我們一共有七項課程，從聖經課程開始，到溝通、傳道，甚至神學。這個計畫的主旨是要讓有能力的人接受一些訓練，進而變得更有效能，有資格、有信心勝任工作。

杜：這聽起來像是個很嚴格的計畫，和剛發願立誓的神職人員所受的訓練似乎沒什麼不同。

巴：老實說，是沒有什麼不同。

杜：有多少人參加了這個計畫？

巴：目前有一百到一百二十名左右。

杜：中途退出的比例是多少？

巴：到現在為止都非常、非常低。

杜：這真是一個大豐收。這是一項要求很高的計畫，而且不只是花時間而已。

巴：彼得，現在如果要我談談身為神父，特別是一名教區神父，有什麼可以感到振奮的事情，我會說是這項邀請大眾加入神職的計畫。上帝似乎感動了愈來愈多人的心，讓他們相當渴望接受這種訓練。

杜：這麼一來志工就建立了共識，他們有心奉獻自己，教會就提供該有的訓練。不過話說回來，神父，你究竟如何維持品質的管控？

巴：在我看來，品管是透過共同願景辦到的。這些人都真心真意來奉獻的。我們靠的就是他們的真心善意。

杜：這個還是沒法取代怎樣做好譬如說婚姻諮詢顧問。

巴：如果大家受到適當的激勵，就會將自己的潛能發展出來，而這些人都深受激勵。我在要求別人幫忙服務時，感覺最辛苦的就是，他們都很遺憾自己缺乏經驗，也沒有準備，如果能夠為他們提供這些，他們都很興奮地想學習。

杜：你的意思是說除了沒經驗之外，你更憂慮的是缺乏自信的人。你必須鼓勵他們、幫他們打氣、稱讚他們、支持他們。其餘的他們自己會去做。

巴：我們也提升了他們的標準。我們對志工們有很高的期望，我相信人們會想辦法不讓自己辜負別人的期望。而且我試著盡自己的力量，對身邊周圍的人許下很高的期望。很多時候他們都認為這是一種恭維，覺得很榮幸。而且他們還會回過頭來尋求改善之道，渴望有機會讓自己變得更棒。

杜：在一些直接受到分區教會管轄的醫院和學校中，你怎麼辦到這一點？你有沒有與他們坐下來，一起制定出該有的標準或模範標竿？

巴：我們利用許多常見的管理工具。我們花時間一起發展出一項願景、理想，還有做事的先後順序並和大家分享說明。我們非常謹慎地製造出一些機會，讓每個人都能分享彼此的困境和勝利時刻。我們給工作人員機會去加強自己內在的深度，和彼此間對工作的意義和感受。

杜：這麼說來你是把他們當做員工而不是「志工」。唯一的分別就在於他們是兼職人員，而且不支薪。不過談到表現的時候，表現就是表現，不能馬虎。

巴：完全正確，能力就是能力。

杜：神父，你怎麼面對無論如何努力嘗試，卻還是能力不足的人？

巴：有時候我不得不對某個人說：「我很抱歉這不像你所預期的那麼輕而易舉，我也知道你並不滿意。我們可不可以來談談？」

杜：大多數人都會覺得鬆了一口氣。其實工作人員很清楚自己做不來的工作，他們卻不敢面對事實、走到你面前說：「救救我吧！」他們覺得自己對不起教會，讓大家失望。

巴：完全同意。

杜：然後你出面表示：「我們觀察過你，發覺你的才能在另一方面，這裡不適合你。」你這樣做其實是真正在幫助這個人。可是很少主管能夠體會這點，大部分的主管都睜一隻眼閉一隻眼。

巴：解套的方法總是有的。但令人洩氣的話要有很大的勇氣才說得出口。面對某個人，跟他提議其他的選擇一樣需要勇氣，因為負責監督的主管常認為，這樣做會讓當事人覺得他的個人價值被貶損。不過也有好些例子顯示出，這對當事者本身是個很大的解脫。

杜：神父，可否讓我轉變一下話題，了解你是否對於管理和培育人員有任何問題？也許並不限於志工，也包括一般員工在內？

巴：我相信問題很多。不過我立刻想到的有兩項。一個問題和激勵有關；要怎樣才能鼓舞並激勵一個麻木不仁的人？另一個問題和組織有關：我們要如何準備好資料和工作計畫，讓那些打算來參加董事會或委員會議的人，在開會時扮演好自己的角色？我們要怎樣去引導他們？

杜：我很高興可以回答你提出的問題。這種情形並不常有。剛才提到的兩個問題彼此間其實息息相關。不過要是你指的是如何去激勵世人，我只能對你說這個問題問錯了。該受到激勵的是領導者。我曾經協助經營一所成長快速的專業學校，當時我必須聘用一些非常年輕而且沒有教學經驗的教員，又得讓他們教人數眾多的班級。班上的學生不但能力高，要求也很高。這些年輕小伙子都來向我求救，我教導他們：「掌握好班上前一〇%最傑出的學生，如果這些人不服你，你就無法帶領每個學生，但如果前一〇%的人學得很起勁，表現普通的學生也會起而效尤。」至於那些墊底的人，我們就只好祈禱了。讓我們說，你的志工計畫做得很好、很正確，讓整個社區都受益良多；你在做的事和聖保羅想盡辦法要點化科林斯人（Corinthians）的頑石腦袋差不多，都是鍥而不捨地努力。

現在，針對你提的第二個問題：你一手成立的教區議會和教會學校的校董會，應該先確定你的執行長和教區神父的責任沒有被架空；校董事會的工作是他人所賦與，他們需要懂得領導統御之道，還要知道分區教會對他們的期許是什麼。也要有人去告訴他們：「你們就是我們的合夥人，我們需要你們為教會分擔的工作就是企畫，我們不需要你們來打掃地方，我們要的是企畫人員。」而我，假設是分區教會神父或教區主教，希望的是可以暢所欲言的對象。譬如說教區希望各位能事先企畫明年要舉行的募款活動，還希望各位董事能針對學校的整體校務做全盤檢討。

假如我們早在十五年前就被迫停止經營初中和高中，眼前我們是不是要檢討、解決重新開辦的問題？原來的校舍都還在，但這就是僅有的一切了。董事會的存在目的就在此。董事會也要接受一些特別任務。例如，有人說：「路易士，我們現在需要一點錢去做某件事情，你願不願意到洛克福去和巴特爾神父討論一下這件事？」

一般來說，非營利組織不會動用到董事會這項威力無窮的資源，即董事們高昂的興致、意願和奉獻。結果是，董事會無處發洩精力，就變得愛管閒事、瑣碎小氣。這時執行長就要毅然站起來說：「這些才是董事會該做的事，那些是屬於諮詢會議該做的事。」如果執行長不這麼做，董事會就會喧賓奪主。

巴：這實在很有用，彼得。這些正好都是我擔心的問題。目前我們正在設法讓一些董事會恢復活力，其中牽涉到一些對我非常重要的因素。你剛才所說的對我實在助益甚大。

杜：至於麻木不仁的問題，不要忘記耶穌也只選了十二位門徒。如果他選了六十個，就成不了大事了。就連這十二個也讓他頭痛得很呢，他常對他們說：「你們到底懂了沒有？」這些不同凡響、經過精挑細選的年輕人著實花了好長時間才開竅。所以說，一個人之所以要跟隨領導者工作，因為人世間的常規顯示出，領袖和凡人之間總是存有差距的。運動界中可以看得到，音樂界中可以看得到，到處都看得到，領導者的責任就是以身作則，為屬下設立嚴格的標準。因為一個人做到的話，另一個人也可以跟隨榜樣。

巴：一旦開了頭，就會有第二次。我不由得想起那個四分鐘跑完一英里的事件。

杜：我還想到更早之前，那時大家覺得人類的體能極限無法衝破五分鐘跑一英里的紀錄。我當時還是個高中生，我們都知道，五分鐘才能跑完一英里路，全能的主所造出來的人類沒辦法跑這麼快的。然後有一天，一名二十歲出頭的芬蘭人一舉破了世界紀錄。六個星期後，我們大家的速度都要比以前快了六秒。就這樣發生了。

讓我們換一個話題：在管理像這樣一個差異性很大且成長迅速的志工團體時，你有沒有哪一個獨特的指導原則？

巴：重視每一個人的尊嚴，這是我竭盡所能在做的事。身為上帝的子民，每個人都有自尊。我認為最重要的一件事，就是每天面對這些人的時候，都以全新的感受去感覺他們對上帝有多重要、對我有多重要。

尊嚴另外一個與任務有關的層面是，除非一個人能完成別人對他們的期望，然後卸下責任重擔，否則他永遠不會感覺到自己的尊嚴。身為他們的監督者，我覺得自己絕不能忘記他們也是上帝的子民，但另一方面，除非他們能把交代給自己的責任好好完成，否則不太可能了解並體會到這種感覺。所以，站在教會的立場，我應該盡己所能地為他們提供該有的協助，這樣我這些同事才能把事情辦得漂漂亮亮。

杜：第二次世界大戰期間，一位恩師對我說：「小伙子，如果有一天你終於開竅了，你會了解一個人同時需要聖保羅和聖詹姆士兩位聖人。」一個人同時需要的是信心和工作表現，這就是你要說的嗎？

巴：完全正確。

杜：這個看法很深刻，在管理人的時候會學到這一點。可是，你同時也告訴了我一些關於如何落實每個人都是上帝的子民、應該具有人性尊嚴的信仰。你認為自己的責任就是要幫助人們去體會這一點。

巴：一個人要是老讓別人期望落空，或者總是耽擱自己的工作，就無法體認自我的尊嚴及價值。如果他們失敗了，那麼我也就失敗了。他們的成功就是我的成就。

杜：對。再沒有比幫助別人把對的事情做好更有成就感了。這也許是為「領袖」下的唯一令人滿意的定義吧！

19 成效卓著的董事會

訪問富樂神學院院長哈博⑫

董事會聚集了贊助者、掌管大局者、親善大使和顧問四種角色於一身。組織必須體認，擁有一個優秀而能幹的董事會，是組織整體不可或缺的一部分。

杜：哈博博士，你在富樂神學院建立起一個特別出色的高效能董事會，請問你對非營利組織的董事會有什麼看法？

哈博（以下簡稱哈）：我們必須把學校、醫院和所有非營利組織的經營想成是董事會和專業員工之間的合夥關係。我使用一張兩組並排的組織結構圖，一邊是董事會的董事，另一邊是教員，校長室和行政人員的編制則在中間，三個系統都是同等的實權和職權中心。我的任務則是加強這三個系統之間的默契、感情和關係，同時保持他們的管理工作能夠分頭並進，既不至於各自為政，也不會彼此衝突。

杜：這種想法對董事會的角色有什麼特殊的涵義？

哈：董事會必須了解，它擁有這個組織，可是擁有並不等於為了自己，而是為了這個組織要完成的使命。非營利組織的董事們並不像商業公司股東那樣，手中握有大批的股票就能參與投票，他們完全是出自關切社會之情才經營這個組織。我覺得一般人對董事會的擁有權有所誤解。實質上他們是透過合夥關係來擁有及經營組織，因為一個非營利組織同時也屬於其他人所有。

杜：你如何創造這種合夥關係？

哈：當然是要從機構的使命開始。使命本身的詞句涵義要夠深遠廣大，容許彈性和改變，同時你也需要能夠敞開心胸來接納使命的工作人員。如果你發現董事會變得僵化，那麼就要引入一些新董事，讓董事會恢復活力，利用兩、三名關鍵人士來改變董事會的權力平衡。權力一旦集中在少數人手中，情況就會變得不健康。

我們在「富樂」的校董會並沒有採取輪換制度，沒有規定董事們每三年到五年就自動退出董事會。許多機構都這麼做，這個做法當然十分值得讚許，但我們採行的方式其實更加嚴格，就是在董事任期將滿的時候評鑑他的表現。如果我們認為一位董事在出席會議、工作參與和服務方面都表現得很好，我們會詢問這位董事是否願意再為

⓬ 哈博博士（Dr. David Hubbard），美國加州帕沙迪那富樂神學院（Fuller Theological Seminary）院長。

我們服務。要不然我們會對他致上謝意，然後告訴他我們已經打算讓別人出任這個位置，新來者可能會帶來我們需要的不同特質。我們在表現評估上力求公平，但對於表現傑出的董事，就盼望他們可以繼續留任服務久一點。在高等教育裡，持續性是一件很重要的事，而且常要好幾年才能弄清楚所有的組織運作。不過，董事的年紀愈大，就愈能隨心所欲地支配自己的時間和財富，而且樂意奉獻出一部分。

杜：誰來決定聘還是不聘？

哈：董事事務委員會由六位資深董事組成。他們決定要聘任誰，通常根據執行長的推薦。

杜：你和他們的關係很密切嗎？

哈：非常密切。

杜：你剛才提到另一項有關董事會的功能，就是募款。你是否把董事會當做募款的主導部門？

哈：對。其實，也許我乾脆逐項列出對董事功能的看法，這樣我們可以就每一項來討論。董事會是掌管大局者，當他們圍桌而坐投票決定事情時，他們在治理一個機構；董事會也是贊助者，既捐款又募款；他們更是親善大使，四處宣揚機構的使命，為機構做適當的申辯，代表機構出席擁護群和社群的活動；最後，他們本身是機構的顧問群，幾乎每一名董事都具備一些專業技能，若要雇用他們，可要付出昂貴的諮詢費。但我可以與某位董事聯絡，請教他法律問題、行政問題或教育問題，而且能夠立刻得到答覆。他們齊集了掌管大局者、贊助者、親善大使和顧問四種角色於一身。

談到贊助者的角色，我們延攬董事的時候會問他們：「我們希望您能按自己的財力捐錢給機構，而且考慮的時候以本機構為優先捐獻對象。您本身所屬的教會或其他機構對你的意義可能與富樂不相上下，但我們不希望富樂的排名落到三名之外，我們更盼望它的順位僅次於您自己的教會。」我也會和他們討論把富樂納入他們自己的事業裡，因為你最終的目標並不僅止於董事一年一度的捐贈而已，你還希望能以其他像信託基金、定額年金或遺囑等方式，建議他做財富分配，捐獻給富樂。

杜：看起來你要的是一些非常積極的董事。董事之間會定期舉行會談，每一名董事都參加不同的委員會。你期望能隨時向他們請教一些專業問題，而且也希望他們能領導募款活動。一年到底要花多少天來做這些事呢？

哈：大概八到十天，包括定期出席董事會議，也許負責一、兩項特別任務、閱讀資料、負責為學院或社群安排康樂活動等。我們也定期帶領他們到各地觀摩，這類活動的成效很不錯。做董事的確會花一點時間，不過我必須強調，執行長和職員一樣也要花時間去為這些董事服務。

杜：這樣說來，你認為讓董事會做得好且保持下去，是執行長的優先任務囉？

哈：我認為執行長的職務有兩項。首先我必須好好關心副執行長的工作，因為他們位居一人之下、眾人之上，只聽命於執行長。另外，我還得與董事們打好交道，他們與機構之間唯一直接而長遠的聯繫，就得靠執行長和辦公室的職工了。其實，我的一位助理的主要工作除了為執行長打點日常議程之外，便是優先為董事會服務。

杜：在董事會的熱心事務和可能變得愛管閒事之間，你如何取得平衡？舉例來說，一位董事認識了某位系主任，然後開始插手干預，你會怎麼處理？

哈：這時就要想辦法把他的創新精力順勢導向整體作業裡。試著讓這名董事在董事會中說出自己的看法。我們的董事每年開三次會，每一次會期中至少挪出一小時以上的時間讓他們提出臨時議題，我們稱之為公開論壇。這時董事可以趁機提出自己的想法，與系主任好好交流，如果其他的董事也想要多加研究，大可以將此議案交由行政部門去研究。他們還可以把這個主題排進適當的董事會特別委員會裡，這樣就表示議題進入了常規作業裡。

杜：一些非營利組織的專業部門主管表示：「我們別讓董事會知道這件事吧！這會引起太多爭議了。」你也聽過這樣的話吧？我一直覺得執行長該學到一件事，那就是：之所以要放到董事會層級來討論的課題，本身必然很具爭議性，要快刀斬亂麻，愈快處理愈好。我的看法對嗎？

哈：你的看法一針見血。首先，我們（指行政主管）總是先報憂不報喜。其次，我們在報告時誇大壞消息，縮小好消息，這麼做是為了兩相抵消掉可能出現的自欺欺人的心態，因為我們只想告訴董事會好消息，隱瞞壞消息。這真是大錯特錯。躲避歧見或一筆帶過難題，或者塞一大批不切實際的報告給董事，無論是關於計畫的品質或財務狀況等，都是糟糕透頂的領導方式。

杜：非營利組織主管最不想見到的事，就是董事會在毫不知情的情況下，從報上讀到有關自己機構的事。這麼一來，主管就要信用破產了。

哈：俗語說得好，絕不要讓主管措手不及。保持董事會消息靈通是一件很不容易的事。這需要時間和溝通才能辦到，像是打電話、寄出初步通知或報告，還有動員員工，並指示每一個副執行長，打電話通知七、八名董事，而且今天就要打電話，把話傳到。接著對方就會開始有所回應。這麼做很費人力，可是我們沒得選擇。

杜：如果現在你想要董事會改變自己的立場，譬如說修改一項老舊過時但備受關愛的政策時，你要如何處理這種情況？

哈：我們總是試著朝向對大家都有利的情況去做。我們會想辦法協助董事改變自己的心意，或是拓展他們的視野，這樣他們就不會覺得把自己珍愛的目標棄如敝屣。

這些事最好用一對一的方式來處理。當眾人的情緒很強烈、態度又十分堅決時，只靠正式的董事會公開簡報，而不在私下煞費苦心地溝通，勢必會拖慢改革的腳步。除非你事先就在董事會內部展開一連串的一對一會晤，讓每個人都可以對相關議題暢所欲言，否則沒有辦法讓董事會團結一致，從而對一項提案採取毫無異議的立場。董事會也需要一點內部宣導。

經過這麼多年，我發展出來的方式是利用一位重點人物，例如董事會主席，去推行我想要的改變。這樣一來，由於許多時間都已花在培養、教育和輔導舉足輕重的董事身上，董事會正式召開時我就可以採取被動的姿態，而這些人會排難解紛，讓事情繼續下去。

杜：你要如何達到這個目的、又能防止董事會陷入紛爭的局面？事實上，你不可能每件事都和每個人討論，對嗎？

哈：是呀。就不同的主題，你要和相關的重點人物好好溝通。如果這是個學術問題，通常你要和主管這個領域的委員會主席徹底討論。對設施或發展的議題也一樣。然後還有一些沒有頭銜的領導人，例如未出任任何委員會的董事會大老，以及基於個人的智慧、財務貢獻和對機構的忠貞與風範而深受董事會敬重的年高德劭人士，你也要試著取得他們的配合。你要特別留意唱反調的人，並與他們合作。任何議題都會有人支持或反對。你必須兩方面都下工夫，並準備好面對別人，對方也許看來並不怎麼支持你，但這有可能是因為提出議題的形式不合他們脾氣之故。你可以說：「你們也許不喜歡或不支持這個議題，我也不打算要求你這麼做，不過先讓我解釋一下我覺得我們該這麼做的原因。」你讓這個人有完全的自由去否定，但是你也保留了讓他們提出不同看法的權利。

如果有人在董事會的投票中輸了，我會利用休息時間去找這個人，謝謝他有表明相反立場的勇氣。身為執行長，我的任務絕不只是營造出大多數人的意見，以便機構可以走對方向，還包括安慰、支持並鼓勵少數人的意見。我把這一切都歸在類似「篤實誠信」的大前題之下。這樣做不只是一種策略，在我心深處，實質上是要尊重「受託人的職責」（trusteeship）和「任期監督」（directorship）的功能。

杜：你剛才告訴我們有關董事會的事，實在不容易辦到。因為許多董事會採取外部董事的做法，和你們內部設立的董事會不一樣，於是執行長、校長或市政主管都習慣將董事會當做敵人或對手，對他們口風愈緊愈好。然後，主管玩弄政治遊戲的下場是，會輸掉自己。

不過在我的經驗中，就算在已經變得泛政治化的董事會中，你提到的方式仍然是唯一可行的，特別是校董事會。我熟知一個校董事會，它碰到想廢止差別待遇而受阻的難題，因為當地社區被罔顧公正的私利份子操縱，不准黑人子弟進入白人為主的學校。當時這是一個極端尖銳的問題，讓董事會頭痛得不得了。最後校長終於辦到了，因為他重視校董事會「篤實誠信」的功能。當時的情況並不單純，因為校董事會已經起紛爭、分成兩派了。可是校長首先問大家：「我們的共識是什麼？讓孩子們有學習的機會，對不對？就讓我們從這裡開始吧！」經過了五年苦日子的力爭，他終於辦到了。鄰近社區的一位校長要比他聰明多了，他知道董事會可能沒辦法一致通過任何決議，所以他自作聰明地閉起嘴巴，不告訴董事會任何事情，這樣才不至於危害到自己，但他只做了十八個月就必須下台。這個社區至今仍然深陷在吵鬧不休之中。

哈：你知道，這些董事之所以被稱為受託人，就是因為別人信任他們。可是「受託人」有時也要由「委託人」的角色和角度來面對事情。即使立場對立、意見不同，你一定還是要信任執行長才行，否則一個得不到信任的執行長是什麼事都做不成的。

沒有人能聰明到長期壓得過董事會的，如果你不是抱持「篤實誠信」的精神去面對他們，就算你短期之內贏了他們，最後勝利也會化為烏有。彼得，在你的著作中，你極力強調過程對產品品質的重要性。將機構信託給董事會的整個過程，也是機構的命脈。而董事會的領導過程，對機構的成敗——無論是醫療照護或救急扶危——也是和任何任務一樣重要。

杜：讓我來總結一下我聽到的要點。

我所聽到最要緊的一件事情——這點你沒有明講，只是暗示——就是一個強有力的董事會對非營利組織有很大益處。許多執行長寧願要一個無所事事的董事會，這樣才不會礙手礙腳。這種想法實在大錯特錯。其實組織與董事會唇齒相依，董事會愈強、愈勇於奉獻、精力愈旺盛，組織辦事就愈能得心應手。只靠一枚橡皮圖章是不能成大事的，有一天橡皮圖章會在你最需要它的時候，完全失去蓋章的能力。

第二個理由是，要得到一個強有力的董事會，非營利組織主管必須下一番工夫。好的董事會不是憑空從天上掉下來的，靠的是努力不懈地尋訪恰當人選，然後好好訓練他們。這樣他們上任的時候，心裡對於你們的期望就已經有數，而且本身也對時間、財力、工作和責任有很嚴格的自我期許。你要花很多時間讓董事會保持消息靈通，同時也沒有忘記資訊的流通應該是雙向的。

與董事會建立關係事關重大，是執行長的中心任務。

這樣講能不能總結你剛才所講的一切，哈博士。

哈：彼得，這個摘要精彩極了，我再強調一遍所有這一切對一個機構的意義。除非機構能夠體認到，擁有一個優秀而能幹的董事會是整體不可或缺的一部分，否則這個機構勢必無法將自己的潛力發揮到淋漓盡致的地步。

20 行動綱要

人們加入非營利組織，是因為他們與組織的理念相通：他們需要藉組織來落實並盡一份社會公民的責任。

人力資源任用和人際關係的經營，可說是非營利和營利組織之間最顯著的差別。雖然優秀的企業主管都知道，薪資和升職並不能鼓舞所有的員工，他們還有更多的需求，而這種需求到了非營利組織裡就更強烈了。在這些機構中，就連受薪員工也需要有個人收穫和為人服務的充實感，否則他們就會愈來愈疏離，甚至具有敵意。畢竟，如果一個人沒有做出一點清楚可見的貢獻，為什麼還要繼續留在非營利組織中工作？

再說，有一些在非營利組織工作的人員是營利企業沒有的，這群人從前叫做「義工」，不過時至今日，這個字眼已經不是很貼切。在非營利組織中，這批人與受薪員工的唯一區別在於他們不支薪，他們與受薪員工之間的職務差別也愈來愈小，很多時候簡直可說是毫無差別。同時，志工在非營利組織中的地位已變得愈來愈舉足輕重，不單人數愈來愈多，同時還肩負起更多發號施令的領導工作。這種趨勢會延續下去，因為社會上有愈來愈多的銀髮族，他們仍然可以從事體能或頭腦方面的勞動，而且興致勃勃，亟欲保持個人活力參與各項事物，貢獻一己之力。藉此，非營利組織可以為本身的獨特使命而服務，然而我們也愈來愈明顯地藉這些機構來落實並盡一份社會公民的責任。

讓工作人員認清自己的任務

大體而言，非營利組織的主管所要面對的相關人士和擁護者，要比營利機構所面臨的變化更繁複。舉例來講，非營利組織與捐助者之間的關係，就絕非企業機構所能了解。企業股東和顧客所具備的期許，與捐助者會有的期許可說差之千里。非營利組織的董事會與一般公司董事會所扮演的角色也相去甚遠；前者比較積極，如果經營得體，它的作用絕不只是企業資源而已；但要是經營不當，可就不只是難題了。董事會一旦不是由機構自己任命，而是經由外界贊助群的選舉而誕生，像合作社的幹事會和大多數的校董事會等，這些人很可能對機構事事吹毛求疵，這時難題也就來了。

由於非營利組織主管所要處理的人際關係甚為複雜，我們應該融會貫通人力資源管理和人際關係管理的知識，然後妥善運用。這方面前人已累積相當豐富的知識。

工作人員要的是清楚明瞭的任務，對志工如此、董事會如此，編制內的員工也是如此。他們都需要知道機構對他們的期望是什麼。但是發展工作計畫、職務說明以及任務本身的責任，都應該落在執行的人身上。

非營利組織的主管必須同時和正規員工、志工並肩工作，這樣工作人員才可以明瞭自己的貢獻何在，把它具體地說出來，並藉著共同討論一項特定的工作計畫時，逐步調整目標和完成期限。主管在督導工作人員時，愈是揚棄往日那種訴諸畏懼、懲戒、降級處分或不予升職的手段，就愈要著重讓工作人員明瞭自己的任務，全心負起責任。

非營利組織一定要以資訊為基礎。組織的結構必須環繞在上下之間的資訊流通上，負責執行的工作人員將資訊往上傳遞，一直到負起最後責任的人手中，而上層也要將資訊往下一級一級分發出去。這樣的資訊流通非常重要，因為非營利組織同時也該是個學習型組織。至於人力資源管理，要以績效為重，強調對事不對人。不過，寬厚待人之道也不能忽視，特別是對非營利組織而言。人們之所以加入非營利組織，是因為他們與機構的理念心意相通；他們以優秀的績效表現來報答機構，主管就該以慈悲心對應。如果員工有心要把事情做好，不妨給他們第二次機會，通常他們都能通過考驗。如果第二次還不行，表示他們也許真的不適合這份工作。這時主管就要思考：

這個人可以調到哪裡去？也許是機構裡其他部門或另一個機構。但如果這個人連試都不肯試，那麼鼓勵他們盡快去替你的競爭對手效勞吧！

像教會、醫院和童子軍總會這類非營利組織，都不斷遇到一個難題：加入志工的人們大都怕寂寞。成功的話，這些志工可以為機構做很多事，而機構在為他們提供一個人來人往的社交環境的同時，也等於給了他們更多的回饋。可是有些時候，這些人因為心理或生理上的問題，根本不能與別人共事，他們很愛起鬨、愛管閒事、容易與人起摩擦，粗魯無禮。這時非營利組織的主管就不能不面對現實，把他們安插到容得下這批人的角落去；要不然就只好請這些人走路了，否則這些人周圍的主管和所有共事的同仁，都將因此而影響到自己的貢獻能力。

非營利組織的董事會既是供執行長揮灑的利器，也是執行長的良心所在。要想相處得融洽，執行長一定要為董事會制定出明確的工作計畫。有些非營利組織的董事會是由外力所選拔，選出來的董事不受機構的專業人員管轄，這時主管還是可以、也一定要想辦法把董事會經營得服服貼貼。但是如果要有效能，必須讓董事會清楚實況。執行長最不應該做的事，就是對董事會隱瞞真相、玩弄詭計，只想著在董事會中拉攏一兩個與自己互通聲氣的奧援，反而置整體關係的經營於不顧。這種陋習很難根除，但若主管身陷其中不能自拔，我保證過不了多久，此人就要鞠躬下台了。

每一個在非營利組織中的員工，不管是執行長還是在外奔波的志工，都必須徹底認清自己的任務是什麼：我要對機構負什麼責任？接下來的一項責任是要確定與自己共事的成員都能明白你努力的方向，以及你個人所肩負的職責。

學習和教導，並採取行動

再下來就是學習和教導的責任了：我該學習什麼？這個組織又該學習什麼？這裡指的不是五年之後，而是現在，就在最近幾個月的事。如果你剛好身為非營利組織的主管，下星期就要和主要幹部召開一次會議，對他們說：「我現在不是要對大家宣布任何事情，而是來聆聽的。告訴我一些有關你們、我應該知道的事情，還有你們對自己的期望是什麼，以及對組織的期望是什麼？有沒有注意到什麼我們沒有好好利用的好機會？有沒有什麼威脅或危機？我們哪裡做得不錯？哪裡做得一塌糊塗？要怎麼去改善？」

記住要好好聆聽，可是也別忘了，聽完之後要採取行動。問所有的部屬和同仁：「我要怎麼做才可使你們的工作更事半功倍？有沒有什麼事反而妨礙到你？」根據他們的話再採取因應措施。假設他們一致抱怨你不提供資訊，除非別人主動提出要求，這時你就要規定每個星期五都把必要的資訊送出去。如果他們的意見是不知道自己表現得如何，你可以在現有的系統中加入一項回饋功能。工作人員都有屬於自己的工作，主管的職責就是協助他們做好自己的工作，不但做得漂亮也要做得滿意。所有的同仁，包括你自己在內，最需要的資訊就是清楚的工作成果報告。組織出外向別人募捐時談的是需求。這並沒有什麼問題。可是捐助者和非營利組織的員工一定會問：成果在哪裡？任何一位主管都不該對這樣的問題敷衍了事。

優秀的非營利組織主管最後要一肩挑起責任，好方便員工辦事，方便他們做出成績來，而且輕鬆地真心享受自己的工作。員工也好，主管也好，口口聲聲說自己為理想而奉獻是不夠的，主管的任務就是讓他們交出一張漂亮的成績單。

第五篇

自我發展

以個人、執行者和領導者的觀點出發

21 責任在自己

22 你對世人的貢獻是什麼？

23 以非營利事業開創事業第二春

訪問杜拉克非營利事業基金會創辦人巴福德

24 非營利組織中的女性主管

訪問聖約瑟夫醫院副院長李蔓

25 行動綱要

21 責任在自己

個人的自我開發與整個機構的使命密不可分；由非營利組織的主要執行者往下到受薪員工和不支薪的志工，對個人開發要負起最大責任的人就是自己。

非營利組織的主管在自我發展時的首項要務在於追求卓越，從中為自己帶來滿足感和自尊。技藝超群之所以重要，並不只因為它造成工作品質的差別，而是因為對執行者本身具有重大意義。沒有圓熟的技巧，事情就做不好，遑論自我尊嚴和個人成長了。許多年前，我曾經問我所碰過最好的牙醫師一個問題：「你希望別人記住你哪一點？」他回答：「當別人把我放到驗證台的時候，我希望他們會稱讚我的醫術實在一流！」這種態度和敷衍了事、希望沒有人注意的心態實在是天壤之別。

重視個人的自我發展

個人的自我發展與整個組織的使命密不可分，其中還夾雜著對組織的認同感和信賴，深信組織對社會有重要的貢獻。你絕對不能被稀少的資源、金錢、人力或時間擊潰，然後利用這點來為自己拙劣的成果開脫，開始怪罪別人，像是「他們」不讓我把工作做好。結果每況愈下，開始走下坡。對非營利組織而言，注重每個人的自我發展絕對不是奢侈品。許多人因為不認同組織的願景，而在中途退出了非營利組織的行列。特別是志工，如果沒有辦法從工作中得到收穫，他們很快就會離開。正因為他們不支薪，所以工作本身更需要有莫大的意義。

老實說，你也不希望有些人只是因為習慣使然，而一直留在你的機構裡，但是他其實已經不再認同組織的信念了。經營有道、注重成果的機構會在工作和時間方面對員工提出嚴格要求，這樣反而可以促使不用心的人早點離開組織。你需要建設性的不滿，這可能意謂著組織裡最優秀的員工或志工在開了一場重要的會議後，筋疲力竭回到家裡，一面大聲抱怨著其他人是多麼愚蠢，明明該去做的事，他們就是視而不見，這時如果有人問他們為什麼還要繼續留下來，他們會脫口而出：「這個任務實在很重要呀！」

要建立具有這種精神的組織，關鍵在於規畫工作時，讓每個人都覺得要達到所信奉的目標，自己是不可或缺的要素。和我一起工作的教會人士當中，有位人士對自己教會訂下的目標相當明確。該教會擁有一萬兩千名教徒，沒有設置牧師，只有支薪和不支薪的神職人員，而在這個階層的所有人都分派了工作。這只是目標，還談不上成就。不過，教會一步一步地接近大目標，每年至少有五十到一百人加入工作行列，挑起教會責任的重擔。

現在教會裡幾乎再也沒有受薪的員工了。一般年輕的受薪神職人員早已不存在，取而代之的是六位不支薪的非神職人員，大家共同分攤一人份的全職工作。其中每一位志工每年要寫兩封信給自己（一份影印本寄交給牧師），並回答以下的問題：「我學到了什麼？我在教會為這些孩子服務，有沒有對我的人生產生什麼影響？」教會的牧師徵求志工時，總是輕而易舉。老實說，他碰到的問題反而是候補名單太長了。

改變現狀

由非營利組織的執行長開始，一直到支薪的員工和不支薪的志工，每個人都要對自我發展負起最大責任。每個參與者都該自問：我應該專注於哪部分的工作，這樣如果我做得很好，不但對組織有貢獻，自己也會更上一層樓？舉例來說，醫院護士在時間和金錢壓力之下，還要應付醫師愈來愈多的要求和繁重的文書工作，她看著三十二名整形外科的病人，應該說：「他們才是我的責任，其餘的基本上都是障礙。我要怎樣才能心無旁騖地專注於這件工作？也許可以透過改變作業程序來解決問題。是不是可以改變我們的服務方式，好讓我把護理工作做得更好？」

你只能提高自己的效能，而不是別人的效能。你對組織的首要責任，即是先確定自己充分發揮了潛力，這麼做是為了自己。你只能憑著自己所有的一切來努力。

擁有良好的績效紀錄，才能幫助別人信任你和支持你。諸如抱怨愚蠢的主管、愚蠢的董事會和陽奉陰違的下屬這類事，對績效紀錄可說毫無幫助。你的任務和責任，就是與在工作上仰賴你及你所仰賴的人好好做一番溝通，有系統地釐清哪些是助力、哪些是阻力，以及哪些事情需要改善。

許多我認識的人每年都會做一、兩次回顧檢討：這段時間完成了哪些工作、哪部分工作做得好、應該集中精神在哪些事務上。我在顧問這一行浸淫了將近半個世紀，現在懂得在每年八月份抽出兩個星期的時間，獨自一人坐下來回顧過去一年內所做的工作。第一，我在哪些地方發揮了影響力？我的客戶需要我的是什麼——不只是想要，而是需要？然後，我在哪些地方浪費了他們的時間，也浪費了自己的時間？我明年該集中心力在什麼地方，自己才能表現得最出色，也可以得到最大的收穫？我倒不是說自己一定會按部就班地照計畫行事，很多時候中途會殺出個程咬金，讓我把自己的良好計畫忘得一乾二淨。不過到目前為止，我在顧問生涯中已把自己磨練得更優秀、也更有效能，而且從中得到的個人收穫愈來愈豐富，這都是因為我學會專注在自己真能發揮影響力的地方。

非營利組織的主管唯有透過深思熟慮，以有系統的方式集中自己的心力，才能在自我發展上向前躍進一大步，不但讓個人的願景與組織願景方向一致，並更進一步使個人願景產生建設性的貢獻。對組織有特殊貢獻的主管，往往能引導組織提升本來的使命。為了拓展組織和員工的願景，高層主管一定要提出關鍵的問題，這也就是每年八月我對自己提出的問題。其實，每一名職員和志工也都應該跟著這樣做才行。資深主管一定要定期聚會，一起討論這些問題。

這類交流可以不拘形式。我所聽過最棒的例子，是由偉大的指揮家華特（Bruno Walter）靈機一動所想出來的，跟隨過他的音樂家都非常敬愛他。每一季到尾聲時，華特會寫信給交響樂團的每一名樂手，內容大意如下：「我親愛的（首席喇叭手），我們在排練海頓的交響樂時，你處理那段困難樂章的方式真是令我大開眼界。可是在這個音樂季裡，我們一起工作讓你學到了什麼呢？」也許一半的樂手只是禮貌性地回他一封謝函就算了，但另外一半會坐下來認真寫一封回函：「我現在突然領悟到，身為二十世紀的喇叭手，在演奏海頓交響樂時，必須想辦法吹得像十八世紀的喇叭手才行。」於是在華特樂團中演奏，變成對樂手自我發展的挑戰。

想得到這樣的成就，關鍵要素就在於勇於承擔責任。當你擔任大學校長或銀行總裁時，重要的不是你傲人的頭銜，而是你承擔的責任。為了負起責任，你必須認真看待自己的工作，因此才能體會到：我一定要與工作一起成長。有時這表示你應該學習新技能，不過困難的是，你可能發現自己辛苦學會的技能幾年後派不上用場，譬如你花了十年時間才精通電腦，現在卻要學習如何與人打交道。在責任優先的情況下，你等於許下諾言，要動員自己所有的資源善盡職責。這時你該問：我應該學習什麼？要怎麼做才能不同凡響？許多年前我曾與一位聰明人共事，他曾對我說：「對表現傑出的人，我們會加他薪水。可是能夠把負責過的每一個職務都經營得比原先更重要、更有聲有色的人，才是我們會提拔的人才。」

對我來說，自我發展同時代表著一個人有更高的才能見識和更充實的內涵，由於堅持負責任的態度，人們會更看重自己。這不是虛榮，更非驕傲，而是自我尊重和自信。一旦更上一層樓，別人就再也搶不走你所增長的才能和見識。風景在樓外，也在心中。

樹立榜樣

在人類的活動中，領導者和卓越者的表現及成就總是深深影響了其他人。人類都是站在前人的肩膀上向前邁進。領導者提出願景、樹立標準，可是他並非獨一無二。

如果機構中有一名員工的表現要比大家都強一大截，其他人也會相繼自我挑戰。

領導力並取非取決於位階高低；主管以身作則，以典範來領導。而最偉大的典範就是對組織使命全心奉獻，並藉此提升自我，如此也就更尊重自己。你對世人的貢獻是什麼？

22 你對世人的貢獻是什麼？

這個問題會引發你去更新自己，因為這問題敦促你把自己看成另一個人，你可以變成的這個人。

只有在合適的機構中從事合適的工作，才能發展自我。基本問題是：「身為人，我究竟應該歸屬何處？」這時你要有自知之明，知道哪種工作環境最能一展個人的長才。剛跨出大學校門的社會新鮮人通常不太了解自己。他們不知道自己是在大企業裡最能如魚得水，還是在小企業中才能揮灑自如？他們也不知道自己究竟喜歡與他人共事，還是獨立作業最恰當？在變化無常的情況下，能否照樣表現出色？有截止期限的壓力下，是不是更能提升自己的效率？決策的風格是快刀斬亂麻，還是精雕細琢？第一份工作很像買六合彩，簽中明牌的勝算實在不高。一個人通常要花幾年的時光才能找到自己的歸宿，然後展開自我規畫的事業生涯。

我們一向把性情和個性都視為每個人與生俱來的特性，通常無法經由訓練加以改造，這是值得我們正視和徹底了解的。必須先把決策內容完全搞清楚才能採取行動的人，不能把他放到分秒必爭的戰場去；喜歡三思而後行的人或許會強迫自己當機立斷，但很可能會做錯決定。

對上述「我究竟應該歸屬何處？」這個問題，如果你的答案是覺得自己不屬於目前的工作，那麼接下來該問：「為什麼？」是因為你不能接受組織的價值觀嗎？因為機構腐敗嗎？如果組織的價值觀與你的價值觀相抵觸，你會變得憤世嫉俗，而且看不起自己，這種狀況毫無疑問地會傷害到你。或者，你可能會發現自己的主管很糟，因為他玩弄權術或者自私自利，只關心個人的前途；又或者你一向很崇拜的主管在緊要關頭沒盡到他的責任，不能支持、照顧或提拔能幹的部屬。

如果你發現自己待錯地方、機構腐敗，或是你的表現不受主管青睞，正確的選擇就是辭職他去。升不升職，本身倒不是問題，重要的是你是否適任，並且受到公平對待。如果這與你目前的狀況並不吻合，很快地你就會開始降低對自己的評價。

美酒裝新瓶

有時候一個轉變，不管是巨變還是微變，對個人的激勵非常要緊。這項體認的意義十分重大，因為現今人類的壽命比從前長得多，精力也充沛得多。有許多志工都在非營利組織服務十到十二年後毅然離開，另奔他處，通常是因為他們想要改變生活中的例行公事。他們可能不會說出離開的主要原因，其實是在這裡毫無長進，學不到東西。你要隨時隨地留意這塊試金石，一旦你在工作中停止了學習，就會開始退化。

轉換環境不一定非得要連根拔起、重新來過不可。舉例來說：舒伯特（Richard Schubert）擔任美國紅十字會會長多年，曾在私人機構中做過勞工律師和人力資源管理經理。他在四十多歲的時候轉到政府部門工作，沒多久又回到民間企業，然後進入紅十字會。他非常幹練，而這都是因為他經歷過各種不同的職場文化，曾與各式各樣的人共事過。

你一旦把例行公事做得很純熟之後，就表示該強迫自己做些改變了。很多時候，「油盡燈枯」指的就是一個人覺得厭煩透了。想想看，這是多麼累人的事，早上要強迫自己起床去上班，心中卻想著：誰希罕這份工作！

也許一點小小的轉變，就可以收到意想不到的效果。例如校長接受邀請去拜訪其他校區，並藉此機會與其他學校的校長和老師一吐苦水；另一個可能性也許是到另一家機構當志工。有些非營利組織主管可能覺得這個建議簡直不可思議，因為他們往往一星期已經要工作六、七十個小時之久，不過，每星期只要花上三個小時做一些完全不同的活動，可能會收到奇效也說不定。就是因為你工作過量，不妨來點不一樣的額外刺激，讓另一面的自己，不管在心理還是生理上，都乘機展現出來。女童軍總會現有的志工人數為歷來之最，就是因為該會發現忙碌的職業婦女，像律師或銀行主管等，一樣也需要在一個完全不同的工作環境中好好衝刺、迎向挑戰。

有許多工作不過是不斷地重複同樣的事情。振奮人心的力量往往並非來自工作本身，而是來自工作成果。工作時要埋頭苦幹，眼界則要高瞻遠矚。如果你讓工作折磨得百般無聊，就表示自己已不再為成果而勤奮努力。這時你的眼界就會愈降愈低，通常只看到眼前的辛苦。

要寓學習於工作中，而且在工作中持續不斷地學習，就要設法針對成果和期待建立起有系統的回饋。設法辨認出工作中（甚至生活中）的關鍵活動。當你正在從事這些活動時，不妨在紙上寫下你期待見到的結果。九個月或一年之後，將你事前的期望和實際的結果相比較，這樣你就可以了解哪些部分做得不錯，哪些技巧或知識有待充實，自己又有些什麼樣的壞習慣（這可能是最重大的發現）。就像我一樣，你也許會發現，自己總是功虧一簣，太早就放棄，至少我很快就了解到，自己實在很沒耐心。你也可能會一次又一次體認到，自己一番苦心孤詣，卻做不出成果，是因為你聽不進別人說的話，這可算是最常見的壞習慣了。

學習當然不限於自己的活動。觀察在你的機構和周遭環境中的人，還有你所認識的親友，他們到底在什麼地方表現出色？他們是怎麼做到的？換句話說，注意別人成功的表現。到底別人做了什麼在我們看來很難做到的事，然後自己也來試試看。究竟要如何經營自己的工作和事業，了解自己最適合什麼樣的工作和環境，還有要求自己在工作上有卓越的貢獻，這一切的決定權完全操之在你自己手上。我把這些稱之為「預防性養生法」，好讓自己免於職業倦怠的侵襲，注入挑戰的強心劑。

做好該做的事

大多數的上班族工作效能之低落令人吃驚。我與機構主管並肩共事，至今已達五十年之久，他們大都很勤奮，而且經驗豐富，可是真正高效能的主管並不多。在工作上能展現績效者和不能展現績效者的分別，並不在於他們的才華。效能毋寧說更接近於行事作風，以及一些基本的處世規矩，但人類至今仍不善於把握這些要訣，因為組織可說是近代的產物。組織發揮效能的原則，與以往一人當家的工匠鋪自然相去甚遠。在單打獨鬥的任務中，工作決定了人力該怎麼運用；在組織中，我們則看到工作的執行者決定了工作的安排。

追求效能的第一步，就在於決定什麼是該做的事。「效能」指的是把事情做對，但必須是做「對」的事情，才會有效能可言，必須決定好做事的優先順序，以及應該用心的著力點，發揮自己的長處。你不能靠模仿你所崇拜的能幹主管，或是根據某一本書中的規畫（甚至包括我的書在內）而達到效能，只能利用自己的專長來做事，你的任務就是做好自己擅長的事，而不是自己不懂的事情。

從績效中辨認出自己的長處。我們想做和做得來的事之間有些微關聯，但是我們討厭做和做不來的事之間，相關性就很高了，這都是因為我們想盡快甩掉這件事，只肯花最少的心血，並不斷拖延、拖延又拖延，遲遲不肯動工。愛因斯坦說過，他寧願放棄一切，包括諾貝爾獎在內，以換取拉小提琴的功力，好成為交響樂團的樂手。不幸的是，兩手之間的良好協調是成為弦樂好手的先決條件，而他就是沒辦法做到。他愛極了拉琴，每天要花四個小時練習，而且自得其樂，但這並不是他的長處。他老是說自己很討厭做數學題目，只不過他剛好是個數學奇才。

長處並非技巧，而是能力之所在。問題的重點並不在於問別人：「你是否認識字？」而在於問別人：「你善於閱讀還是聆聽？」這種特性幾乎像左撇子一樣強烈。羅斯福和杜魯門都善於傾聽。羅斯福極少閱讀任何文章，他都請別人唸給他聽。艾森豪善於閱讀，可是自己並不知道。當他身為歐洲軍區總司令時，所召開的記者會備受時人讚譽。他的幕僚堅持要記者在會議召開前幾分鐘就把問題寫在紙上交給他，他會逐一閱畢後作答，內容精彩非凡。後來，他繼羅斯福和杜魯門之後當上了美國總統。

兩位前總統已創下讓記者在記者會中直接提問題（因為他們都善於聆聽）的先例，艾森豪這時就表現不佳了，記者不歡迎他，抱怨他從來不回答台下提出的問題。他兩眼無神，根本就沒有把台下的問題真的聽進去。

近年來，大家比較能了解每一個人的長處各有差異，譬如有些人天生愛早起，有的人感覺敏銳，有的人思路清晰。但是，許多人不知道自己的長處和短處究竟是天生容易與人打成一片，還是應好好學習如何與人相處。有太多人自以為對人際關係有一手，只因為自己能言善道，他們可不知道，良好的人際關係也包括善於聆聽在內呢！

自我更新

只有當你致力於自我更新，在舊瓶中加入刺激、挑戰和變化，才能一再釀出新酒，讓老舊的工作煥然一新。從嶄新的角度來看自己和工作任務，有時就可以助你一臂之力。有一個傳之已久的故事：有一天，指揮要求樂團的豎笛好手坐到觀眾席中去聽樂團的演奏。他生平第一次聽到了「音樂」，從此他不只能以無懈可擊的技巧吹奏豎笛，更能進一步出神入化地演奏悅耳的樂聲。這就是自我更新！做的事情仍然一樣，但賦與了新的體會和意義。

邁向自我更新最有效的方法，就是尋找意想不到的成就，然後緊緊追隨其後。許多人總是對成功的跡象視而不見，因為他們眼中只看到問題。主管讀到的報告通常集中在問題上，從第一頁的摘要開始，就列舉了組織在過去這段期間表現力有未逮的地方。非營利組織的主管應該要求第一頁談的是哪些部分的績效超越了原本的計畫或預算，因為意外的成功往往在此露出徵兆。最初你也許仍然會置之不理，心想：別煩我了，我正忙著解決問題呢。不過到頭來，你禁不住會猜測：假如我們把全副精神集中在表現異常出色之處，也許有些問題就可以迎刃而解。我認識一位才華出眾的女士，她經營小型的社區服務中心，當時她開始注意到「家訪護士」不斷提出加班的要求。就和大家一樣，首先她試著去控制工作量，並找來護士了解她們需要加班的原因。結果發現，護士在下午六點鐘之後需要服務更多的病患，因為這時候這些人紛紛下班回家。這是因為在醫療服務改善之後，這群護士的服務對象已從行動不便、無法外出的病患，轉變為行動能力尚好、但需要一些特別服務的人，像是為他們注射胰島素、做生理復健或注射其他藥物等的病患。現在這位女士可說踏入了新領域；她是滿足這種新需求的傳教士，而且因此變得充滿幹勁，效能奇佳。

保持自我更新的過程，有三項最常見的有力工具：教導別人、轉換工作環境和從事基層服務工作。當一個人在同事面前解說自己如何把事情做成功的時候，他自己會學到很多，聽眾也是。花時間到別的機構當志工，也可以使人眼界大開。有一項傳之已久的辦法，就是讓主管每年有一、兩次機會直接到第一線服務，好提醒他們在實踐組織使命時不能忽視的現實。我認識一位受過良好訓練的醫務主管，幾年前由於罷工風波及爆發傳染病，他被迫值班照護病人一個星期，直接面對生離死別、再高明的醫術也束手無策的場面。這次的經驗讓他學到很多，他對我坦承：「我因此變得更誠實面對自己。」現在這家醫院的規定是（這也是我所見過最好的醫院）：他和所有的行政主管每年都要撥出一星期的時間，到病房與值班人員一起照顧病人。

最懂得自我更新的人都會專心一志，集中努力的焦點。從另一方面而言，他們都是以自我為中心，而把整個世界當成自我成長的滋養品。

自省對世界的貢獻

你對世人的貢獻是什麼？

我十三歲那年，遇到一位擅長啟迪心靈的宗教老師。有一天他問每位學生：「你對這個世界的貢獻是什麼？」想當然爾，在場沒有人能夠回答他的問題。他笑笑，然後說：「我也不期望你們現在就能回答這個問題，但是如果你們到了五十歲還不能說出答案，你就浪費了自己的生命。」我們後來舉行了畢業六十週年的高中同學會，大部分的同學都還健在，可是自高中畢業之後就沒有再見面，因此開始的時候氣氛有點僵，有位同學說：「你們還記不記得當年菲格勒神父和他提出的問題？」幾乎大部分的人都記得，每個人都說這個問題對他們影響很大，雖然大多數人直到四十多歲才明白其中涵義。

有的人在二十五歲的時候開始試著回答這個問題，大致上答得一團糟。熊彼得（Joseph Schumpeter）是本世紀最偉大的經濟學家之一，他曾經表示自己在二十五歲時，希望後世記得他是歐洲最偉大的騎士、最偉大的情人和最偉大的經濟學家。到了六十歲，就在他去世之前，別人又問他同樣的問題。這次他再也不談騎士或女人了，他說他希望別人記得他曾經預先警告世人通貨膨脹的危機，這正是後人對他念念不忘的地方，而且也十分值得後人銘記在心。這項大哉問著實改變了他，儘管他在二十五歲時的答案是如此單純無知。

我經常會問這個問題：你希望別人怎麼記得你？這個問題會引發你去改變自己，敦促你從另外一個角度來看自己，看到自己可以變成什麼樣的人。如果你的運氣很好，遇到一個像菲格勒神父這樣具有道德權威的人，在你年輕時問你這個問題，你就會在人生的路途上不斷地問自己同樣的問題。

23 以非營利事業開創事業第二春

訪問杜拉克非營利事業基金會創辦人巴福德⑬

每個世界都只是一小片天地而已，機構的員工應該向外發展個人的興趣，出去認識其他人，不要只是縮在自己人的小天地中。這對非營利組織的工作人員來說，意義尤其重大。

杜：巴福德，當你決定要在原有的業務中加進一項新的非營利事業，叫做「社群領袖聯線」，而且還親自出馬兼任總裁時，正是四十多歲的盛年期。你在這個過渡時期中學到什麼？

巴福德（以下簡稱巴）：我學到一件很重要的事，就是如何重新調整自己的身分，不再念念不忘過去在商場上的輝煌成就——那可是我畢生的心血結晶——而去服

⑬巴福德（Robert Buford），巴福德電視有限公司（Buford Television, Inc.）的主席和執行總裁，他創辦了兩家非營利組織，即社群領袖聯線和杜拉克非營利事業基金會。

務人群，而為人服務正是人生的主要動力。

杜：這到底是一種價值觀的改變，還是行為的改變？或者兩者皆是？

巴：我的價值觀一直沒變，但兩者所占的比重和我的行為必須徹底調整一番。

杜：你的意思是，雖然你的生意做得很成功，卻不認為賺錢是人生的唯一目標？

巴：這不是很明顯嗎？不過若把「賺錢」當做一種評估經營績效的「成績單」，那它對我來說當然是很重要。我發現，自從著手開辦第二個事業之後，「成績單」就變得不太一樣了，而且我得時時把這點放在心上。你可以選擇自己要玩哪一種遊戲，但不能隨意選擇遊戲規則。現在我選擇要玩不同的遊戲，要改變自己主要的活動和身分表徵，就不能不注意遊戲規則的改變。我必須弄明白自己的使命和目標是什麼，還有它們的先後順序。在每個人的生命中，總會面臨關鍵時刻，需要想想什麼是自己最關心的、什麼是次要的。

杜：你考慮的關鍵決定是指「自我發展」嗎？

巴：了解什麼才是你人生真正的主宰是很重要的，而且要定期思考這個問題。我四十幾歲時想做的事，想分配時間、發揮才華的方式，以及珍惜的人事物，都和二十來歲時截然不同。

杜：你是不是要大幅度調整自己的行動？還是你的行為不變，目的卻變了？步調也變了？

巴：我想是後者吧！我為自己公司所做的事，和為「社群領袖聯線」所做的事沒什麼兩樣。兩者都要有清晰的願景，這樣其他人才能做出成績來，而且有團隊精神。我對兩個機構的員工也都要予以鼓勵和支持，讓他們認為自己是工作的主人。我與兩個機構都要保持一些重要的關係，才能充分掌握這兩個世界中所發生的事情。

杜：不管怎樣，兩者的優先順序可能很不一樣吧？

巴：現在「社群領袖聯線」讓我覺得很興奮。雖然我人還在企業界，但是業務對我而言已是較次要的了。我在二十多歲的時候，也曾經把加入神職行列的欲望列為次要的工作。

杜：你會不會覺得這個轉變很難辦到？

巴：不覺得。我倒認為這與季節的更替頗為相似。我只是覺得，到了四十多歲的年紀，應該開始從事一些更具恆久價值、非常重要而且意義非凡的工作。我一面這樣做，一面覺得需要大幅度調整自己的事業比重才行。

杜：你為什麼會覺得時候到了？是事業上功成名就讓你想要改變呢？還是靈光一現的頓悟？

巴：首先，我覺得自己已經累積了不少「分數」，可以光榮地結束上一場比賽了。其次，一連串的經歷讓我體會到，我就是聖保羅所謂的「永恆的公民」（citizen of eternity），我覺得自己應該去面對心中真正關注的事情。

杜：這麼說來，不是突然發生的囉？

巴：也許前後的不同就是，我現在願意去聆聽心中一直存在的呼喚吧！而且經過二十年的磨練，我現在也比較有能力去應付這種召喚。

我發現自己所使用的還是企業家慣用的技巧，但現在我是為了不同的目的與理念去使用這些技能。一個人在做出這種種轉變時，具備一點自我認知實在很重要。對我來說，這二十年的歷練讓我學會做一個帶領團隊工作的企業家。

杜：自我認知和任務認知一樣重要。如果一個人注重的是技術，而不是任務，那麼我認為他就錯失了改變的契機，他只知道遵循前人走過的路一直走下去，然後突然間，他會發現自己哪裡都去不了。剛才你的意思就是要先向外看。先問：目的是什麼？誰來主持？然後雖然你用的是同樣的工具，你營造出來的組織卻很不一樣。

巴：我想你在自己的大作中，曾經教導大家要注意兩個重要而且持久不變的問題：我們的顧客是誰？顧客心目中的價值何在？在「社群領袖聯線」中，我要面對的顧客和生意上的顧客不一樣，我對他們各自的價值觀要有敏銳的認知。

杜：你在兩項事業中都很有成就。你是不是有過任何特別的經驗，因此幫助你及時做正確的決策，或是避免犯下錯誤。

巴：我年輕的時候有兩項經驗也許值得一談。從小我母親就讓我承擔很多責任，也給我嘗試失敗的充分自由。第二件對我很重要的事情，就是在年輕時有好幾次我做錯事都被抓個正著。從此我就假設，如果我不守規矩，總有一天會被人發現。因此，我就為自己立下一條規矩：絕對不可以抄小路、走捷徑和欺騙別人，因為我一定會遭到報應。我覺得這是個很好的教訓。

杜：在你的機構或社群裡，有沒有任何人讓你看清楚真正的自己，了解自己可能成為什麼樣的人？我常聽你提到自己在青年總裁協會（Young President Organization）中的付出和收穫，這是不是也算是你生命歷程中一種意義不凡的關係呢？

巴：青年總裁協會對我的生命有重大的意義，因為它為我開啟了一扇窗，讓我看到了其他總裁生活的世界。我早就決定這一輩子都要住在只有七萬五千個居民的小鎮，因為我覺得這樣的環境充滿了關懷和溫暖。但小鎮畢竟就是小鎮。而這個協會讓我接觸到圓熟幹練、成就非凡的人士，那是我平時很難有機會遇到的人。

杜：我想，這就是為什麼非營利組織的員工應該向外發展個人的興趣，出去認識其他人，不要只是沉浸在自己的小天地中。這對非營利組織的工作人員來說尤其重要，就是因為他們的工作比企業業務更讓人願意全神投入。

如果你對一名企業界主管說，你每天朝九晚五、勤奮工作，最好也培養其他的興趣，像是去當童子軍領隊等等，你可以確定對方聽了之後一定會發出共鳴。可是如果你對一名牧師說：「我看你也許應該加入本地醫院的董事會。」他會說：「我太忙了。」他早已變成組織的犧牲品了。我認識一個很成功、而且很忙碌的非營利組織主管，她同時還擔任好幾家公司的董事。她說這些職務為她開啟了通往不同世界的窗戶，她從中學到很多。

我還想問你，對於非營利組織的員工，你可以給他們什麼關於自我發展的忠告？據我所知，你認識的非營利組織人士幾乎比任何人都來得多。你在地區教會和「社群領袖聯線」中，都曾與一大批非營利組織人士並肩共事過。你的忠告是什麼？

巴：不管是營利還是非營利組織，都要與支持者保持接觸，要不然就會面臨他們紛紛求變、而你卻還在原地踏步的危機。你可能會受傳統觀念束縛，受制於組織成員自己的欲望，而無法掙脫。這樣一來，就扮演不好社會服務機構服務人群的角色了。

杜：我剛想到，馬勒有一次告訴他的樂團，他們一年裡至少應坐到觀眾席兩次，了解觀眾聽到的是什麼樣的音樂。許多年前，我認識一位很好的牧師，他習慣每年有四、五個星期日請假，到其他教堂參加聚會。這和你剛才所說的是不是同樣的事？

巴：我認識一位不同凡響的牧師，夏天都到鄉間拜訪當地教會。另一位我認識的牧師會經常到教徒的辦公室訪問，在對方的地盤上與他們見面。

杜：我還認識頂尖的醫院行政人員，每年都要以病人的身分住院一次，辦理所有的入院手續，然後花一整天的時間，不只了解醫院的經營現況，同時也嘗試一下當病人的滋味。所以，這些都對「自我發展」很重要，其他呢？

巴：所有領導人和領導團隊的成員都應該察覺自己內心的轉變。到了四十多歲、步入中年時，每個人的人生經歷、感受和熱情，與三十來歲時比起來會大不相同。而到了五十歲時，我們可能對目前的事業覺得興致索然，過去覺得很有挑戰性的工作，如今我們已經駕輕就熟，不再有年輕時的熱情。

24 非營利組織中的女性主管

訪問聖約瑟夫醫院副院長李蔓⑭

成功人士真正不凡之處，在於能夠建立一個團隊，繼續發揚其機構的工作和願景。這才是開發別人的領導之道，也是自我開發中意義重大的關鍵所在。

杜：李蔓女士，當初你還在當護士的時候，提拔你當主管的人賞識你哪些地方？

李蔓（以下簡稱李）：組織能力、溝通技巧，還有非常關心照顧過的病人。

杜：你為什麼會擁有這些特質？

李：我很幸運遇到了好幾位良師。我覺得護理教育也功不可沒，讓我學會如何權衡做事的優先順序，以及決定做事的時機和方法。我認為，醫療服務界的未來趨勢，尤其在醫院，就是會有更多護士升上主管職位，因為她們具有組織能力，懂得判斷做事的先後順序，溝通技巧良好，還具備科技知識。

杜：你的良師在發展這些組織能力和人際技巧中，扮演了什麼樣的角色？又如何讓你了解這些能力的重要性？

李：我是個很缺乏耐性的人。但是他們教會我要先詳細看過資料，再下判斷；還幫助我了解自己對問題或狀況的直覺反應大致還不錯，只是在執行和採取正式行動之前，要先沉住氣再決定。他們不只教導我要有耐心，也容許我犯錯，我認為這是很重要的因素。

杜：他們之中有沒有人指出你的長處在哪裡？

李：他們給了我非常多正面的激勵。

杜：現在讓我換個話題。現在你是不是醫院連鎖體系中唯一的女性高層主管？

李：對，我是唯一的女性高層主管。

杜：在天主教修會系統之外，美國的大醫院中還有多少高階女主管？

李：不太多，不過我想人數正在增加中。目前有好幾位升到營運長和執行長的職位，但對女性員工占絕大多數的行業來說，這個數字仍然偏低。醫院是非常保守的行業，大體採用軍事化的管理模式。不過，我認為「需求是發明之母」，因此在這個競爭劇烈的行業中，一旦生產力的需求、角色變換的需求和組織能力的需求變得非常迫

⑭ 李蔓（Roxanne Spitzer-Lehmann），聖約瑟夫醫院（St. Joseph Health System）副院長，該院是一間非營利醫院的連鎖醫院。她同時也是《護理生產力》（*Nursing Productivity*）一書的作者。

切，許多女性就能嶄露頭角，擔當重任。

杜：在原本由男醫師發號施令、女部屬俯首聽命的機構中，現在女性終於可以出頭晉升到主管階級。對於這些正要揚眉吐氣的女性，你會給她們什麼樣的忠告？

李：我要提出的忠告其實與性別無關，但我認為女性應該表現得比現在更好，而且更努力些。老實說，在任何組織，尤其是醫療服務行業中，女性最大的特質就是好好扮演團隊成員的角色。不要孤芳自賞，更不該劃地自限；願意放棄一己私利，為大局著想；要能幫助其他人放棄門戶之見；把矩陣型組織當做機會，而不是喪失權力，當然也要關注他人的發展情況。

雖然有愈來愈多女性進入醫療界工作，不過對其他女同事而言，她們反而比男醫師更難相處。這種現象對我和我的同事來說是很有趣的。也許這些女醫師在以男性為中心的醫學界裡闖得很辛苦，所以認為自己應該更積極強勢一點，而且不要太護著女同事。我覺得這種女王蜂的心態很要不得，這樣會讓她孤立在其他女性的圈子之外，沒有辦法與她們同心協力、發展自我。當然了，女性通常沒有機會參加球隊，學會打美式足球或棒球；一旦女性當上了主管，就必須學著參與男性的團隊活動，這是成功的一大要素。

杜：你和強勢又自豪的董事會有密切的工作關係，剛開始的時候，他們會不會對女性主管覺得奇怪？特別是女性董事？

李：我的董事會和其他醫院的董事會一樣，都由男性主導。只有在最近幾年才出現女性董事，而且直到目前為止，只有一位女性擔任執行董事。女性董事一直非常支持女性主管。她們通常都很能幹，憑著一己之力在企業界闖出一片天地，很有自信，不需要損人利己。女性董事完全不成問題。

男性董事可就有趣了，不過也要視他們的年齡而言。老一輩的董事一定很難接受女性加入高層的事實。我覺得，年輕一輩倒很能接受現況，很習慣與女性共事。醫院裡面的父權意識非常強烈。一方面他們很珍惜院中唯一的女性副總裁，另一方面，他們又含糊表示過，我並不是當執行主管的料。當然並非人人都有這樣的想法，但是我們的確稍微談過這件事。

杜：你可不可以舉個特別的例子，說明你怎麼跨越這些障礙？

李：我不只向董事會報告有關病人護理、診療服務、病人滿意度和醫療品質保證等事項而已，有一次我還對董事會做了一項財務計畫的簡報，在座的董事突然領悟到我其實對利潤和虧損很在行。老實說，我現在已經準備好另一份報表，要在董事會上報告，這是有關我所掌管的居家照護部門，利潤可高得很呢！當他們看到我不但負責醫療服務、而且對財務問題也一樣在行的時候，一定會大為改觀。

杜：你如何學到該有的技巧？

李：第一，很久以前我還是總護理長的時候，是從一位良師那裡學來的。我很幸運遇到這位大學教授，他堅持要我從頭學起，搞清楚每日每位病人的照護工時代表什麼意義，還有如何制定薪資。所以，我總是要超前一步思考市場需求。而且，毫無疑問，有責任在身也讓我學了不少東西。我要負責七千五百萬美元的預算，很快就懂得盈虧的底線在哪裡，以及如何讓支出不至於大於收入，雖然現在要辦到這點實在很困難。當然了，到克拉蒙特大學的高階主管班進修博士學位，對我來說實在獲益良多，讓我可以釐清自己的思路。我在平衡收支上沒有什麼大問題，我覺得自己快要變得和院內的財務部門一樣精明了。

杜：人際溝通技巧又如何？護士總是很清楚病人的需求，但是她未必懂得在組織中的應對進退之道。你最初在紐約的醫院工作，升到總護理長的職位之後，一下子就要管理六十、七十、甚至兩百個護士和病人，而且還要協調護理部和其他部門之間的工作，你如何充實人際溝通的技巧？你有沒有刻意去學習，還是自然而然就具備這些技巧？

李：我想有一些人際溝通技巧是自然而然就會上手。協調和溝通的能力可以經由不斷的嘗試和錯誤中學到，一部分是透過謙虛的態度，溝通有誤時願意多聽多學。要學會說：「對不起，我不是這個意思。」我認為這是一個主要因素。

我對於應該怎麼照顧病人有個理想的願景。我每次對別人講出自己的看法，並要他們採取行動時，從來沒有碰過任何問題，一般人都能接受我所描繪的願景。這點我實在很幸運。大家一旦有了共識，有目標為導向，就很容易共事。所以，我覺得人際溝通技巧有一大半是建立在對目標的溝通上。慢慢地，你一定會發現，要是溝通不良，會犯下多少錯誤。

杜：這麼說來，你認為最重要的是願景，這大概可以解釋為什麼你要進入護士這一行，或者說你為什麼要留在這一行。願景就是基礎。

李：我想是的。我想身為女性是部分原因，護理工作主要是女性的行業。我在一九六〇年代畢業，那時女性的地位並不高，所以我對護士這行業一直抱著一份理想。

杜：所以說，你從一開始心中就有清楚的願景和目標，而且很想和別人溝通你的願景，也就是有擔任領導人的企圖心。難道這些年來都沒有人對你說：「喂，李蔓，不要這麼咄咄逼人好不好？」

李：噢，他們現在還是這麼講，而且我的確很咄咄逼人。我記不得多少次我的主管和同事對我說：「小姐，你實在很強勢耶！」然而一旦你全心相信一件事，就很難不強勢了。「我們對這名病人的照料方式並不是最適當的。」人們怎麼辯得過這樣的話呢？病人當然有權決定自己的身體該得到如何的照料才算恰當。這不應該由醫院來設計，我從好多年前就這樣想了。

杜：你實在讓我大吃一驚。以我四十多年來接觸醫療照護這一行的經驗，我聽到的都是：「別聽病人的話，我們才知道什麼是對的。」

李：我覺得這實在不可思議。我相信病人也許並沒有足夠的知識來做決定，但我們的責任就是去幫助他們充實這方面的知識，讓他們做出有事實根據的決定。

杜：所以你的意思是說，我們存在的基本目的是什麼？對任何機構而言，這個問題都是重要的起點。

李：如果你不知道使命是什麼，就不應該繼續留在這一行。

杜：你不愧是一位心懷使命感的女性。我很想知道為了實踐自己的使命，你如何安排生活和工作？

李：擁有一份全職工作，同時還要教養青春期的女兒，並在大學進修，可以說我的生活非常緊張忙碌。事實上，上學和工作可以幫助我更集中使命的焦點。十五歲的女兒也會問我：「媽媽，你為什麼要做這些事情？」

人總是受到內在的自我鞭策，鞭策的力量並不一定都來自於使命，而是一種追求成就的欲望。如果不是因為使命使然，我會去找一份比較輕鬆的工作，或者整天躺在南加州的沙灘上無所事事。這個誘惑可經常在我的腦海中揮之不去呢！直到有狀況發生，需要我專心插手處理，以改善服務或提升員工生活品質，誘惑就會頓時消失，反而慶幸自己有一份辛苦而踏實的工作。而現在，我們在醫院裡要面對愈來愈多這樣的挑戰了。

杜：你還沒進入醫界時，醫院本來是一個很單純的機構，只有醫師、護士和一些清潔工。現在它愈變愈複雜了，有一大堆的專業部門，一大堆的服務工作。你認為自己的使命是將這一切都聚焦到大家的共同目標，也就是病人身上。至少他們出院時不會比入院時的情況更糟。到了年終時，你怎麼樣才能知道自己已經讓使命更加落實？比較成功的是哪些方面？哪些部分尚待加強？

李：有兩種方式。一種很具體，一種比較抽象。具體的方式很容易說明。我在辦公桌的右邊角落擺了一本活頁簿，每隔兩星期或一個月就在上面增加或修改事項。活頁紙上一邊列舉我應該做的事，另一邊列出正在進行的工作、授權由誰處理、目前的狀況如何。任務完成之後，我就把它劃掉。到了年終時我會仔細看一看，而且經常很訝異我們做了那麼多事情。我們會根據這些成就整理出一份年終報告。

我也實施某種程度的目標管理，這實在是了解實際進展的具體方式。

在抽象的層面來說，我一定會注意自己的博士學位修得如何。每一門通過的課都像是為未來而豎立的新標竿。我從不認為自己已經做得夠多，或已有足夠的成就。

杜：我可不可以再換一個新的話題？你剛才提到自己負責超過七千萬的預算，並監督多項服務的財務績效。身為一名專業人士兼行政主管，你認為營利和非營利組織的最大分別是什麼？

李：在醫療服務界中，從必須提高競爭力和注重財務績效的觀點來看，我們變得和企業界很像，我認為自己的角色和通用汽車公司、全錄或ＩＢＭ的主管沒有什麼兩樣。我有產品要推銷，推銷時要具備成本效益觀念。我必須讓顧客滿意，病患不應該再回來醫院，不過當他們真有這個「需要」時，你希望他們會回來找你，而不是去別家醫院。我們在做的就是生意。四周都是競爭者，在南加州競爭尤其激烈。我們一定要推出更好的服務，而且價格必須合理。這和寶僑的做法並沒有差很多。

杜：你並沒有真正談到「自我發展」。你提到良師，還有你在活頁簿上寫下該完成的任務和已有的成就。但是你並沒有真正講到「自我發展」。

李：我認為最佳的「自我發展」就是去「幫助別人發展」。很幸運的是，當我做錯事、太過強勢或不給別人足夠時間思考時，別人都會告訴我。

杜：你怎麼鼓勵同事發展自我和成長？哪些事情最有用？

李：我的角色就是不要直接給別人答案，而是協助別人腦力激盪和思考，然後將它歸納成我們可以一起著手去做的事。我的任務在於建立目標和願景，他們的任務則是找出我們可以一起達成目標的方法。而且我相信，給屬下充足的時間、技巧、工具和環境來完成任務，也能促進自我改善。我在行業中算得上是頗有名氣，因為我的屬下在共同決策的過程中都極富創意。假設我明天就要離開工作崗位，我想也不會有很大的不同，他們還是會繼續做下去。

杜：你從事的行業很容易產生「職業倦怠」，感到心力交瘁，許多人都覺得壓力實在太大了。你一定也有些時候會感覺到這種壓力吧？該怎麼去更新自己？

李：由於護士荒十分嚴重，整個行業都在問這個問題。自我更新就是對自我的肯定和認同。如果給予護士自主權和控制權去做自己最在行的事，那麼她們照料病人時就會覺得精神奕奕。我的「自我更新」也是來自於在做事時，從頭到尾都擁有充分的自主權和控制權，感到受尊重，不會一再受到旁人干預。

最好的例子就是當我們開辦門診手術中心的時候，之前大家拖拖拉拉浪費了好幾年，直到我說：「就讓我來做好不好?可不可以讓我把一切都弄妥當？」於是，他們把一切都交給我，我們終於辦到了。我從中體驗到極高的「自我更新感」。另一次的「自我更新」來自於個人生活，我喜歡烹飪，喜歡去劇院，也喜歡聽音樂。去年我學會了滑雪，跌跤跌得不亦樂乎，其中也充滿了「自我更新感」。我還很喜歡旅行。這也是自我更新的一種方式。

杜：那麼，你為「職業倦怠」問題提供了一個很好的答案。要想克服心理上的倦怠，就要工作得更賣力。這對你顯然很有效。我必須說這個方法也很適合我。不過你的生命中有很多活動和工作毫不相干，像是上劇院、從滑雪坡上摔下來和聽音樂等。這樣你可以轉換一下心境和情緒。我覺得這點非常重要。

讓我來整理出一些主要的脈絡。對我而言，你的話中最有啟示的事就是：「如果我明天離開了工作崗位，我想也不會有很大的差別。他們還是會繼續做下去。」這是任何主管能講出最驕傲的自誇之語了。能夠建立起一個團隊，將我的工作、願景和組織繼續發揚光大。這在我的經驗中，正是成功人士真正不同凡響之處。

然後你又強調使命的重要性和必須聚焦於想要的成果上，也就是設法讓病人康復。你也不斷強調團隊的重要，展現了協助部屬發展的領導之道，這可說是「自我發展」中意義最重大的關鍵所在。

25 行動綱要

自我發展始於為人服務，而不是從領導他人開始。領袖不是天生，也不是由外力所塑造出來，是經由自我鍛鍊而終成大器。

為「自我發展」這個主題做摘要的最佳方式，就來談談猶太教長老亞伯拉罕（Joshua Abrams）的故事。從他那裡，我首次體認到，「自我發展」代表的是一項與生命等長的歷程。一九五〇年代初期，我在一次登山健行活動中認識了他。我們成為多年的登山夥伴。我們兩個都在相同的避暑勝地度過夏天，而且都很喜歡爬山。第二次世界大戰爆發時，亞伯拉罕正在讀法律，他加入海軍作戰，受到很嚴重的傷。老實說，他從來沒有真正痊癒過，三十五年後，這些舊傷終於奪走了他的生命。

退役後，他到神學院就讀。我初次見到他的時候，他正開始在一個中西部大城著手創立一間猶太教堂兼社區中心，完全是從一無所有開始苦幹。短短十年間，這間教會已經變成美國最大的革新派猶太教聚會場所，總共有四到五千名教徒。

有一天我們散步時，他突然對我說：「彼得，我已經決定離開這個教會，從頭再開始。」可想而知，我當時有多麼驚訝。我瞪著他，腦子一時之間轉不過來。然後他繼續說：「我覺得自己毫無長進。」一年後他告訴我，他決定加入針對青年人的服務工作，到中西部一所著名大學擔任傳教士。亞伯拉罕對我解釋：「我還很年輕，所以很能了解年輕人的煩惱。而我又成熟得早已經歷過他們正在經歷的事情，我看得出來年輕人會碰上不少麻煩。」當時大概是一九六四、六五年間。沒有多久，年輕人果然開始騷動不安，我的朋友在其中充分發揮了中流砥柱的作用。這麼多年來，總有人問我：「你認識亞伯拉罕嗎？他救了我一命。當時我二十歲，差點染上毒癮或是做出一些愚蠢的事情毀了自己。」

然後，差不多是一九七三、七四年間，亞伯拉罕又在散步時再次嚇了我一跳：「我覺得我已經盡到大學傳教士的責任了。我已經不再年輕，跟不上他們的步調了。我一直在想這件事，我認為現在社會的需求是針對老年人的服務工作。人口的成長正朝著這方向邁進。」一、兩年後他辭去了大學的工作，搬到亞歷桑那州的一個城市，那裡住了很多退休人士，然後他全心全意地從頭開始。他去世時，在他社區中的退休人口共有三、四千人之多。他專門尋找一些寂寞、喪偶和患病的老人，不只帶給他們心靈上的慰藉，同時也盡量關照到他們生理上的需求。

亞伯拉罕是第一個對我說了以下這句話的人，後來我也對許許多多的人重複講過這句話：「你有責任安排好自己的生活，沒有人可以代勞。」他的生活形式很明顯地反映出「自我發展」的兩項要義：發展個人，也發展技能和奉獻自己的能力。這兩項工作並不一樣。

服務他人

「自我發展」始於為人服務，而不是從領導他人開始。領袖不是天生，也不是由外力所塑造，是經由自我鍛鍊而終成大器。

要做到這一點，就要集中焦點。卡密（Michael Kami）是企業策略的權威，有一次他在黑板上畫了一個方塊，然後問：「告訴我要放進什麼東西。耶穌？還是錢？兩者我都可以幫你制定出一項策略，但你自己要先決定哪個才是你人生真正的主宰。」

而我就會問大家，他們希望別人記得他們的是什麼事情——套句聖奧古斯丁（St. Augustine）的說法，思考這個問題是邁入成年的開始。答案會隨著我們的成長而改變，這才是常態。如果不問這個問題，你的工作就沒有焦點、沒有方向，結果毫無長進。每個人應該從發展自己的長處開始做起，時時為自己添加新的本事，然後在工作中實踐。主管往往可以助你一臂之力。但是不管他們如何鼓勵你或者漠視你，自我發展的工作都操之在己。

開發自我的長處並不代表忽略自己的短處。剛好相反，一個人對自己的短處不可稍有或忘，然而克服弱點要靠開發長處才行。不要想抄捷徑，你並不需要處處吹毛求疵，但也不能隨隨便便就向差勁的成果妥協。總而言之，唯有秉持精益求精的工匠精神，才可以鞏固自我尊嚴，同時建立起自己真正的本領。

接下來，你可以致力於待完成的工作和待開發的機會。你要以任務為重，而不是個人為出發點。工作成就來自於內在的本領和長處能與外在需求和機會配合得天衣無縫。兩者一定要有交集，而且互相契合。

有效的自我發展必須雙管齊下。第一是改善，即把正在做的事做得更好。第二是改變，即試著去做不同的事。兩者同樣重要，不能只專注於嘗試新事物，而忘卻了自己原本就很擅長的事物。要不斷把事情做得更完美一點，而且踏實地從小處改善起，為下一步打下更扎實的基礎。但如果只知把全副精神放在改善現況，卻忽略了總有一天要除舊更新、改弦易轍，也是很愚蠢的行為。

聆聽改變的訊號

在自我發展中，聆聽改變的訊號是一項很重要的技巧。在順境中改變，不要等到困境來臨時才想到改變。仔細檢查你的日常工作和任務，然後問：「以今日的眼光來看，這件事還值不值得去做？我是真的在創造成果呢，還是只不過在輕鬆地應付例行工作，把心血浪費在沒有成果的事情上？」

一旦你開始另闢蹊徑，開始體會到不同的境界或步向不同的目標，「自我發展」就變成了「自我更新」。這時如果有像「良師」那樣的外力相助，就可以讓你獲益良多。你愈是渴望達成任務或愈是成就輝煌，就愈可能一心一意埋首於手上的工作，尤其是埋首於急迫性的事務上。這時候旁觀者清，聰明的局外人如果知道你想要做什麼，或是也常做同樣的事情，就會問你：「這樣做有意義嗎？你是不是已經充分發揮了自己的長處？」

「自我發展」的方法並不模糊難辨。許多達到目的的人都發現，教學相長是最重要的法寶。老師通常要比學生學得更多。當然，不是每個人都有機會去教別人，或者喜歡教人也善於教導，但每個人都有機會去幫助別人發展自我。每一個想要誠心誠意幫忙部屬或同事改善他們的成果和績效的人，都會了解大家一起坐下來討論的過程對「自我發展」能產生極為重要的作用。

記錄自己的分數

「自我發展」中最棒的一項要務，也許就是為自己記錄分數。根據我的個人經驗，這也是保持虛心的最好方法。每當我看到自己的實際作為和理想差了好大一截的時候，總是覺得難過，但我總會慢慢改善，不光是比較懂得設立目標，也包括能達成更好的成果。記錄分數讓我可以把心力集中在我能有所作為的地方，從一事無成、浪費自己、也浪費大家時間的計畫中脫身。

自我發展並不是一種處世哲學，也不只是滿懷善意；自我更新也不是一種容光煥發的感覺而已，兩者都是行動。對，藉此你會變得心胸更寬闊，更重要的是，你會變得效能更高、心志更堅定。

在本書的最後，我想請你問自己下列這個問題，「讀完本書之後，明天你將會做什麼事情？同時，你將會停止做什麼事情？」

實戰智慧館 436

彼得杜拉克非營利組織的管理聖經

從理想、願景、人才、行銷到績效管理的成功之道
（原書名：《彼得杜拉克：使命與領導》）

作　者——彼得·杜拉克（Peter F. Drucker）
譯　者——余佩珊

執行編輯——陳懿文
封面設計——黃聖文
行銷企劃經理——金多誠
出版一部總編輯暨總監——王明雪

發 行 人——王榮文
出版發行——遠流出版事業股份有限公司
104005 台北市中山北路一段 11 號 13 樓
郵撥：0189456-1
電話：（02）2571-0297　傳真：（02）2571-0197
著作權顧問——蕭雄淋律師

1994 年 9 月 2 日初版一刷
2023 年 10 月 15 日三版六刷
定價——新台幣 320 元（缺頁或破損的書，請寄回更換）

ISBN 978-957-32-7628-9

遠流博識網
http：//www.ylib.com　E-mail：ylib@ylib.com

國家圖書館出版品預行編目 (CIP) 資料

彼得・杜拉克非營利組織的管理聖經：從理想、願景、人才、行銷到績效管理的成功之道 / 彼得・杜拉克 (Peter F. Drucker) 著 ; 余佩珊譯 . -- 三版 . -- 臺北市 : 遠流 , 2015.05
面； 公分
譯自 : Managing the non-profit organization: practices and principles

ISBN 978-957-32-7628-9（平裝）

1. 企業管理

494 104005716